Graphic Design
Mendell & Oberer

Band 2 der Reihe:
Industrial Design – Graphic Design
Herausgegeben von Hans Wichmann

Graphic Design
Mendell & Oberer

Herausgegeben von Hans Wichmann
anläßlich einer Ausstellung
in der Neuen Sammlung,
Staatliches Museum
für angewandte Kunst, München

Birkhäuser Verlag
Basel · Boston · Stuttgart

CIP-Kurztitelaufnahme der Deutschen Bibliothek

Graphic Design: Mendell & Oberer
hrsg. von Hans Wichmann.
[In Zusammenarbeit mit d. Neuen Sammlung,
Staatl. Museen für angewandte Kunst,
München, anlässl. d. Ausstellung 5
der Reihe „Beispiele", April – Juli 1987]. –
Basel; Boston; Stuttgart: Birkhäuser, 1987.
(Industrial design – graphic design; Bd. 2)
ISBN 3-7643-1905-4
NE: Wichmann, Hans [Hrsg.]

Buchausgabe anläßlich der Ausstellung 5
der Reihe „Beispiele", München,
vom 30. April bis 12. Juli 1987,
für den Buchhandel
Birkhäuser Verlag Basel · Boston · Stuttgart
ISBN 3-7643-1905-4

Bild- und Satzspiegel, Einband:
Mendell & Oberer, München
Reproduktionen: Oestreicher & Wagner,
Reproduktionstechnik GmbH, München
Satzarbeiten: typeshop, München
Druck: WKD-Offsetdruck GmbH,
Ismaning bei München
Bindearbeiten: R. Oldenbourg
Graphische Betriebe GmbH, München
Gedruckt auf 170 g/m² Phoenomatt,
Papierfabrik Scheufelen
Printed in Germany

„Nur der Schein trügt nicht.“

Vorwort

Dieses Buch verdankt sein Entstehen einer Ausstellung in der Neuen Sammlung, die es katalogartig begleitet. In dieser Ausstellung werden die Schwerpunkte und Akzente innerhalb der Arbeiten von „Mendell & Oberer" gezeigt.

Seit den fünfziger Jahren ist es im Rahmen von mehr als 170 zum Teil in vielen Städten der Welt gezeigten Ausstellungen dieser Institution die sechste, die sich monographisch mit angewandter Graphik oder Graphic Design auseinandersetzt. Sie schließt sich an die Namen Herbert Bayer (1956), Hendrik Nikolaas Werkmann (1962), Richard Roth (1967), Jan Tschichold (1977) und Raymond Savignac (1982) an.

Diese Ausstellung von Entwürfen und Konzeptionen Pierre Mendells wird innerhalb der Neuen Sammlung vor allem aus zwei Gründen durchgeführt. Zum einen begleitet seit sieben Jahren seine Graphik in Form von Plakaten, Einladungen oder Bucheinbänden und -umschlägen das Ausstellungswesen der Neuen Sammlung. Zum zweiten – sich mit den ersten Fakten verzahnend – entsprechen Form und Inhalt dieser graphischen Arbeiten der Zielrichtung und Vorstellung der Neuen Sammlung, dem Staatlichen Museum für angewandte Kunst, in vorzüglicher Weise, wird doch in ihnen ein bestimmter in Kongruenz stehender Qualitätsanspruch sichtbar. Er zielt darauf ab, mit geringem formalen Aufwand den Kern eines Inhalts in überraschender Sichtweise ohne literarische Anleihen zu erfassen. Die Arbeiten erwecken zumeist Assoziationen oder gewähren dem Betrachter einen zu ergänzenden Spielraum, ja sind Schlüssel zu Vorstellungsfeldern.

In der Vielzahl überraschen diese Plakate, Bucheinbände, Inserate, Packungen, Tragetaschen oder Gelegenheitsgraphiken durch ihre lapidare, ausgefeilte Bildsprache, die unverwechselbar ist und deshalb auf gerade modische Reminiszenzen verzichten kann.

Die Neue Sammlung sieht in dieser Ausstellung von hohem internationalem Standard ein Konzentrat von beispielhaftem Graphic Design.

Hans Wichmann

Das Wesentliche identifizieren

Im Grunde gibt es nur zwei Arten von Graphic Design; genauso wie es nur zwei Arten von Kunst gibt. Gute und schlechte. In gewisser Weise gibt es nicht einmal schlechtes Graphic Design oder schlechte Kunst, denn in beiden Disziplinen hat der Begriff schlecht keinen Platz. Das Thema sollte nur die hervorragende Leistung sein und was sie auszeichnet. Graphic Design und Kunst nenne ich nicht etwa deshalb zusammen, weil sie Schwestern wären, die man leicht miteinander verwechseln könnte. Das sind sie nicht. Dennoch haben sie natürlich vieles gemeinsam. Häufig haben sie gemeinsame Wurzeln, sie haben eine ähnliche Wirkung auf das Auge des Kenners, und die Methoden ihres Aufbaus liegen zuweilen nahe beieinander.

Kunst und Design sind absolut nicht dasselbe. Viele haben die naive Meinung, daß Graphic Design, das sich oberflächlich betrachtet wie gute Kunst irgendeiner Ausprägung darbietet, auch gutes Graphic Design sein muß. Falsch: Schlimmer noch ist die Annahme, daß Graphic Design, das den Betrachter am ehesten an die allgemein anerkannten Formen von Gemälden, Zeichnungen oder Skulpturen erinnert, das beste Graphic Design sein muß. Auch falsch.

Graphic Design befaßt sich in erster Linie mit Kommunikation. Es verlangt nach Aufmerksamkeit und löst die Betrachtung über ein Thema aus. Das Thema wird dem Graphic Designer jedoch vom Kunden und seinem jeweiligen Bedarf aufgedrängt. Das Produkt muß verkauft werden, das Theater gefüllt und der Kandidat gewählt werden. Der Auftrag des Graphic Designers besteht nicht darin, eine Richtung zu ändern oder etwas Willkürliches oder Irrelevantes zu erfinden.

Graphic Design bedeutet, das Problem des Kunden im Kern zu erkennen, und dieses Wesentliche dann dem entsprechenden Publikum eindeutig zu präsentieren und seine Aufmerksamkeit zu gewinnen.

„Mendell & Oberer" sind in mehrfacher Hinsicht erstaunlich. Man darf zweifelsfrei sagen, daß sie gut sind. Und sie sind immer gut. Nicht selten sind sie sogar ausgezeichnet. Warum? Ihre Arbeit ist nicht Kunst. Sie maßt sich nichts an in dieser Richtung. Sie ist nicht einmal illustrativ im Sinne der bildenden Künste. Die erstaunlichste Qualität ihrer Arbeit ist, daß ihre Design-Lösungen so interessant und dennoch so einfach sind. Immer wieder gelingt es ihnen, das Wesentliche zu identifizieren und zu präsentieren, ohne selbst im Weg zu stehen.

Für Mendell & Oberer scheint die Fähigkeit nichts Ungewöhnliches zu sein, das entscheidende und visuell interessante Element eines Produktes oder Themas klar hervorzuheben. Das ist aber nur der Anschein. Profundes Suchen, Zeit, Intelligenz und Talent sind die Voraussetzungen für diese Einfachheit.

Die Ergebnisse ihrer Arbeit sind deswegen so bemerkenswert, weil jede graphische Arbeit mit einer Idee beginnt, die sowohl aus dem Thema als auch aus einer graphischen Idee entspringt. In den Themen, für die sie eine Anzeige, einen Einband oder ein Poster entwickeln, erkennen sie die Grundformen des Designs. Dann nutzen sie diese Formen meisterhaft. Mendell & Oberer beginnen mit dem, was offensichtlich ist; sie tun dieses aber mit unverbrauchten und originellen Ideen.

Wenn ihnen jedoch das Offensichtliche nicht zur Verfügung steht, wenden sie sich instinktiv der richtigen Schrift und starken, reinen Farben zu und setzen diese in eine graphische Kunst um, die wohl zum Zukunftsweisendsten gehört, das unsere Zeit zu bieten hat.

Ivan Chermayeff

Eine Spanne gemeinsamen Weges

Die Begegnung

Pierre Mendell kenne ich seit etwa eineinhalb Jahrzehnten. Das ist – wie ich meine – in einer schnellebigen Zeit, in der Gesichter und Menschen rasch wie ein Film vorübergleiten, eine lange Spanne. Es baute sich in den vielen Jahren eine sachbezogene Freundschaft auf, gespeist aus Achtung vor den Maximen, dem Verhalten und der Leistung des anderen. Im späteren wird darauf einzugehen sein.

Die erste Begegnung ergab sich 1970 in meiner damaligen Arbeitsstätte in der Schwabinger Martiusstraße 8, einem ehemals feudalen Eckhaus eines Gründerviertels der Jahrhundertwende am Englischen Garten. Dort hatte der Werkbund Bayern sein Domizil, den ich leitete und der gerade begann, sich zu einer glanzvollen Kulturinstitution zu entfalten – tempi passati.

Pierre Mendell und Klaus Oberer, die seit 1961 ein Graphic Designstudio in München betrieben, waren seinerzeit gerade in den Werkbund aufgenommen worden. Bei dem ersten Gespräch hatte ich das Vergnügen, einen knappen aber gewichtigen Vortrag über graphische Qualität und einen sich daraus bekundenden Anspruch unterbreitet zu erhalten. Er schloß mit dem großzügigen Angebot, kostenlos, in Verbundenheit zum Werkbund und seinen Ideen, die erforderlichen graphischen Arbeiten von nun an betreuen zu wollen.

Das Gesagte leuchtete mir sehr ein. Noch erinnere ich mich genau, wie ich danach sinnend aus meinem Arbeitsraum in den schönen Garten der Rückversicherung sah und Argumente und Angebote abwog und vor allem versuchte, diese mit dem so schmalen Etat in einen einigermaßen passenden Einklang zu bringen; denn daß selbst bei dem noblen Geschenk der kreativen Leistung das Vorhaben teurer zu werden versprach als die zuvor benützten anspruchslosen Drucksachen war mir klar. Andererseits war das Durchbrechen des kleinen Vereinszirkels nur mit Ideen und auch einem materiellen Wagnis möglich. Diese Ideen begannen sich 1970 vor allem in der Aktion des Werkbundes Bayern „Die Zukunft der Alpenregion" niederzuschlagen, die schon damals auf Gefahren und Chancen, auf Lage, Tendenzen und Notwendigkeiten in breit angelegten Großveranstaltungen, in Publikationen, Schriften, Diskussionen, Besichtigungen, Stellungnahmen hinwies. Zum erstenmal wurde diese heute in aller Munde befindliche Thematik der Öffentlichkeit vorgetragen und sie erwirkte dank auch der graphischen Beiträge von Pierre Mendell eine Initialzündung für das allgemeine Bewußtsein. Es schlossen sich an die Aktionen „Ressourcen in Bayern" 1974, „Ohne Vergangenheit keine Zukunft" 1975, „Der Main" 1976 und vor allem „Der Mensch ohne Hand oder die Zerstörung der menschlichen Ganzheit" 1977/78 – getragen von bedeutenden Männern der Wissenschaft mit zahlreichen Publikationen, Ausstellungen und Drucksachen, zu denen Pierre Mendell Entwürfe konzipierte. Aus dieser Zusammenarbeit, die sich durch die Betreuung einer Reihe von mir verfaßter oder herausgegebener Bücher noch verstärkte, ergab sich für mich eine neue Dimension des Bücherschreibens. Diese Tätigkeit war nun auch im graphischen Bereich aus dem engen Bezirk formaler Gleichgültigkeit herausgetreten, konnte ich doch seit etwa der Mitte der siebziger Jahre keinen Text mehr verfassen, keine Disposition einer größeren Veröffentlichung anlegen, ohne nicht auch zugleich an die Ordnung, an den Zusammenklang von Schrift und Bild zu denken. Diese Zusammenarbeit mit Pierre Mendell bis zum Ende der siebziger Jahre war für mich eine ungemein anregende, praktische und ganzheitliche Auseinandersetzung mit angewandter Graphik, die bisher brachliegende Felder des Erlebens erschloß.

Widenmayerstraße 12

Die Begegnungen mit Pierre Mendell erfolgten fast ausschließlich in seinem Atelier Widenmayerstraße 12, zuerst im Hochparterre, später – bis heute – im ersten Stockwerk. Ich habe dieses Haus eigentümlicherweise immer zu Fuß aufgesucht, obwohl ich sonst den größten Teil der Besprechungsorte mit dem Taxi zu erreichen pflegte und pflege. Von der Martiusstraße ausgehend wanderte ich durch den Englischen Garten, dann an der Isar aufwärts. Ich erinnere mich zumeist an schönes Wetter. Heute ist es von meinem Büro in der Prinzregentenstraße ein Katzensprung, um in die Widenmayerstraße 12 zu gelangen.

Auf die Erörterungen und Vorstellungen der Entwürfe habe ich mich immer gefreut und dies wohl vor allem aus zwei Gründen: einmal empfand und empfinde ich die Atmosphäre des Ateliers als ungemein entsprechend, zum anderen war ich jeweils gespannt, wie wohl die neue Aufgabe gelöst worden ist; denn oft wurde sie meinen gehegten Vorstellungen gegenüber völlig konträr angegangen und dieses Andere – das einzige, von dem man betroffen zu werden vermag – war das Herausfordernde und jeweils Aufregende.

11

Die Widenmayerstraße ist eine besonders schöne, an der Isar gelegene Straße Münchens, besitzt sie doch kein gemauertes Gegenüber. Der Blick gleitet aus der „Bel-Etage" auf die begleitende Doppelallee mit dahinter sichtbar werdendem Wildfluß und bewaldete, parkartige Hänge. Aus dem Erker-Atelier-Raum sieht man einen Teil des Maximilianeums. Die zur Isar geöffneten Räume des Hauses sind gegenseitig erschlossen, bilden also eine großzügige innere Achse. Leichte Stukkaturen, weiße, ein zartes Relief bildende Türleibungen, ein sich durch sämtliche Räume ziehender einheitlicher Boden, weiße Wände bilden die Raumschale. Diese lichte, großzügige und zugleich sachliche Atmosphäre erhält ihre Akzentuierung durch die einfallenden, von Tag zu Tag und von Jahreszeit zu Jahreszeit wechselnden Landschaftsbilder, denen keine an der Wand befestigten Dekore Konkurrenz machen. Die Möblierung ist äußerst sparsam: Haller-Systeme, Eames-Möbel, hier und da ein baumartiges Gewächs, weiße große Tischplatten, Bücher, flache Ablagen. Die wechselnden Arbeiten leuchten auf, um das nächste Mal durch andere ersetzt zu sein.

Es ist eine angenehme, leicht unterkühlte, knappe, von understatement geprägte Sphäre, die den Menschen und die jeweilige Arbeit in vorzüglicher Weise zur Geltung kommen läßt. Eine Sphäre, die keine Spur der üblichen bürgerlich-gemütlichen Wärme brütet, keinen Kompromiß mit weichlicher Bequemlichkeit oder repräsentativer Üppigkeit schließt.

Der jeweilige Besuch lief und läuft in einem liebenswürdigen Ritual ab: Begrüßung, Plazierung an dem großen Tisch, Betrachtung der Landschaft, einiger Arbeiten, ein einleitendes Gespräch. Dieses berührt aber noch nicht unser eigentliches, unmittelbares Problem, sondern kreist bei einer Tasse Tee um interessante neue Publikationen, bestimmte Strömungen der Graphik oder zukünftige Planungen.

Erst nach dieser Einstimmung, nachdem der Gleichklang der Seelen erlotet und hergestellt wurde, mehr am Schluß als am Beginn des Besuches, werden die bisher verdeckten Entwürfe enthüllt. Sie liegen auf dem Tisch oder – wenn größer – auf dem Boden unter Glasplatten. Dies sind dann zumeist Zwischenstadien der Entwürfe, Variationen, Erprobungen der Leistung einer Idee, die auch manchmal im Gespräch mit einigen Strichen in ihrer Quintessenz visualisiert werden. An Situationen dieser Art erinnere ich mich mit einem hellen Gefühl, das mich auch begleitete, wenn ich das Haus Widenmayerstraße 12 verlassen hatte. Es speiste sich aus der Erwartung auf eine zum Bild werdende Idee, aus der Hoffnung auf ein neues Bild, und es war erfüllt von der reinen Freude: die sich verschlingende Alltäglichkeit der Wiederholung an einem schmalen Spalt durchbrochen zu wissen.

12

Einen kulturellen Anspruch sichtbar machen

Wohl kann man einen Blütenstrauß in einem belanglosen Gefäß bergen ohne seiner Würde zu schaden, nicht aber in einem mit häßlichem Anspruch ausgestatteten. Wohl kann der Träger eines Inhalts diesen höhen, ihm angemessen sein oder ihn verfremden. Die Entsprechung und die sich daraus ergebende Hebung beider ist das Wünschbare – zugleich das Seltene. Sein Entstehen erfordert das Zusammentreffen zahlreicher glücklicher Faktoren. Zum ersten einen wahrhaftigen Inhalt, zum anderen eine personale Entsprechung in einer zur Visualisierung befähigten Kraft, die in der Lage ist, diesen Inhalt in seiner ihm gemäßen Eigenart zu erfassen und ihm ein Gefährt zu schaffen – ein entsprechendes. Hierbei beginnt eine Skala von Mitteln wirksam zu werden, die in einem Kampf mit dem durchschnittlich Geübten stehen. Diese Mittel können aus einem graphischen Repertoire abgeleitet werden; sie können aber auch auf dem Pochen eines gesetzten Anspruches beruhen. So wird in der Widenmayerstraße 12 verfahren. Man wünscht dort beim Erarbeiten eines Projekts eine durchgängige Qualität aller Mittel. Dies beginnt bei dem Material. So ist es etwa wichtig, für eine bestimmte Aufgabe ein angemessenes Papier zu verwenden; vielleicht ein matt gestrichenes, nicht zu dünnes aber auch nicht zu dickes, ein edles, taktil angenehmes. Man wünscht das gleiche auch für einen Einband. Seine Eigenart und Mache stellt gewissermaßen den Sockel eines Anspruches dar.

Von dieser Stufe geht der Entwurf aus, auf diesen materiell bestimmten Forderungen ruht er. Das ist eine andere Kondition als die mit dem Wort „Werkgerechtigkeit" umschriebene. In dieser Kondition steht der Anspruch, daß sich Kulturniederschlag nicht irgendwie und mit beliebigen Mitteln auslösen läßt und nicht nach Erfüllung von dem „Ernst des Lebens" mit verbliebener kleiner Münze abgegolten werden kann. Das Sichtbarmachen von Kultur verlangt einen gewissen Einsatz nicht nur an Ideen und kreativer Befähigung, sondern auch an Mitteln. Es stellt darüber hinaus auch Anforderungen an den Rezipienten; denn wenn er ernst genommen wird, erscheint es unwürdig, Idee und Ausführung auf das heute bei den Massenmedien übliche Niveau abzusenken, das Durchschnittsintelligenz bei weitem unterschreitet. In den Arbeiten Pierre Mendells wird dagegen ein Anspruch an die Begriffsfähigkeit des Betrachters gestellt und diesen Anspruch vertritt er auch dem Auftraggeber gegenüber. Von ihm fordert er das Erkennen einer Idee. Nicht etwa, wie ich in den zahlreichen Gesprächen feststellen konnte, als Hinnahme des Entwurfs, sondern als Auseinandersetzung mit demselben.

Erst wenn der Auftraggeber in der Lage ist, den Kern des Problems in seiner formelhaften Mitteilung, optischen Überraschung oder auch graphischen Schwierigkeit zu erkennen, entsteht der Austausch und von Mal zu Mal das sich steigernde Ergebnis. Wobei sich dann auch der Schmerz, falls sich die gehegten Vorstellungen nicht völlig erfüllten, auf zwei Betroffene verteilt.

Aber dieser facettierte, so komplexe Anspruch wendet sich wohl zuallererst an den Entwerfer selbst, habe ich doch in den vielen Jahren bei keiner Arbeit, die ich gemeinsam mit Pierre Mendell verwirklichte, das Gefühl gehabt, er hätte sich auch nur einmal die Aufgabe leicht gemacht.

Geduldig wurde oft an der richtigen Stellung oder angemessenen Farbnuancierung nur eines Buchstabens gefeilt, immer auch erneut die Idee geprüft, variiert, bis eine Form gefunden war, von der man glaubte, daß sie die beste sei. Erfüllte sich die Vorstellung nicht, so war es ein Trost, in der nächsten Aufgabe vielleicht dem stetig wachsenden Anspruch um so besser gerecht werden zu können.

Die Reduktion der Mittel

Der Anspruch bekundet sich nicht in der großen Zahl, sondern in der Qualität der umgebenden Lebens- und Dingwelt. Aus diesem Qualitätsanspruch leitet sich der Habitus des Ateliers Widenmayerstraße 12 und der dort entstehenden Arbeiten ab. Arbeiten und Lebensform bilden darin eine ganzheitliche, Vertrauen stiftende Einheit. Der Anspruch wird erfüllt durch Reduktion der Mittel, durch Weglassen, durch Konzentration auf das Wesentliche. Dieser immer auch wieder angefochtene, aber durchzuhaltende Prozeß prägt die Arbeiten. Er ist ihr Charakteristikum und kann am einzelnen Objekt verfolgt, an einer Reihe von Entwürfen abgelesen werden.

Reduktion bedeutet bei der Konzeption das Gegenteil von Erzählung, von „graphischer Epik“. Sie zielt vielmehr auf die Kondensierung des Inhalts zum Zeichen, das dennoch – gleichsam facettiert vibrierend – das Thema changierend zu spiegeln vermag. Reduktion bedeutet aber auch die Vereinfachung dieser Zeichen bis hin zu signalartiger Wirkung, ohne den Inhalt und Sinn zu vergröbern. Die Gefahr der Anwendung nur weniger Mittel kann der Anschein von Armut sein. Das wäre die Skylla der Reduktion. Das zeichenhafte Konzentrat muß deshalb das Wesentliche, wohl das Edle, subsumieren.

Die Reduktion der Mittel ist immer mit der Entscheidung für etwas verbunden. Sie grenzt aus. Unter dieser Prämisse wendet sich die Aussage einer Arbeit zwangsläufig mit einer spezifischen, durchgängigen Stimmung an uns. Sie ist bei den Entwürfen Pierre Mendells zumeist hell, dabei sachlich, rasch erfaßbar, aber auch ein wenig hintersinnig; bei den Plakaten anspringend und doch distanziert. Eine hohe formale Präzision mengt sich oft mit vorsichtig, verhalten eingebauten Überraschungseffekten.

In der Vermittlung von Dichte, erzielt mit geringem formalen und farblichen Aufwand und zeichenhafter Reduktion, liegt die unverwechselbare Eigenart Mendell'scher Entwürfe. Sie verweigern derbe oder vordergründige Mittel des üblichen Repertoires, auch literarische Anleihen, benutzen ausschließlich die graphischen Möglichkeiten zur Aussage.

Unter zahlreichen Ideen wird immer die konzentrierteste, zugleich einfachste und unkonventionellste gewählt. Besondere Bedeutung wird beim Entwurf der Assoziation, dem Auslöser einer Vorstellung, eingeräumt, nicht dem Ding an sich, dem unmittelbaren Zugriff. So kann aus einem dreiecksförmigen, gerissenen Stück weißen Papiers auf blauem Grund ein Segel werden und aus diesem in der Phantasie ein Schiff, aus vier Rädern ein Automobil, ohne in der Direktheit seiner Abbildung zu erstarren. Die Reduktion der Mittel gewährt dem Betrachter Spielraum. Sie wird zum Auslöser einer Ideen- und Vorstellungswelt, bedeutet also nicht nur Zurücknahme graphischer Mittel, sondern vermittelt Grundimpulse, Schlüssel zu Vorstellungsfeldern. Vielleicht liegt darin die Helle, ja oft vermittelte Freude begründet, die der aufgeschlossene Betrachter der Arbeiten zu empfinden vermag.

Die Zusammenarbeit. Ein Beispiel

Bei der Übernahme der Neuen Sammlung im Jahr 1980 war es gemeinsamer Wunsch, die schon zuvor geübte Kooperation fortzusetzen. Publikationen, Ausstellungen, Informationen boten dafür stetig wiederkehrende Anlässe.

Im Gegensatz zu den von Fall zu Fall wechselnden Lösungen innerhalb der Werkbundgraphik wurde nun ein Rahmen angestrebt, in dem sich unverkennbar das neue Gesicht der Neuen Sammlung ausformen sollte. Typisch für dieses Bild war und ist das in einem spezifischen Raster gegliederte DIN-Format, das für Plakate, Kataloge und Einladungen benützt wird, und die konsequente Verwendung nur eines Motivs für sämtliche Drucksachen. Es begleitet somit den Betrachter von der Einladung über Plakat und Katalog und prägt das Thema verstärkt ein.

Die Qualität der Kooperation hat sich in den vergangenen Jahren verdichtet. Es bedarf nicht mehr der vielen Worte; man versteht sich lapidarer, grundsätzlicher. Dies bedeutet zugleich auch, daß ich das Layout der Kataloge und Bücher auf der Basis eines von Pierre Mendell entworfenen Satzspiegels ausführe. Diese zeitintensive, oft durch die Erprobung von alternativen Lösungen im wahrsten Sinne des Wortes mühselige Arbeit würde die kreative Donation des Ateliers Mendell & Oberer an Die Neue Sammlung überfordern.

So ergibt sich nach einem ehemaligen Gedankenaustausch nun

eine reale Zusammenarbeit, wobei sich mein Bemühen darauf richtet, den Mendell'schen Vorstellungen zu entsprechen, verbunden mit dem Wunsch, daß ihm vielleicht auch die Anregung durch das Andere wiederfährt.

Kreativ betrachtet ist diese Tätigkeit natürlich von sekundärer Natur; weit herausfordernder bleibt der Prozeß, einem Buch- oder Ausstellungsthema visuelle Gestalt zu verleihen.

Der Blick zurück zeigt, daß zu Anfang – also zu Beginn der achtziger Jahre – dieser Prozeß „leichthändiger" angegangen und verwirklicht wurde. Dabei entstand Überraschendes wie etwa das Plakat zur Ausstellung „Der Sport formt sein Gerät" mit der eigentümlich drohenden Fechtmaske oder das zum Thema „Warenplakate" – eine witzige Hommage an das Zylinderhut-Plakat von Otto Baumberger. Die Gefahr, das immer sehr hoch gesteckte Ziel zu verfehlen, war dadurch natürlich auch gegeben. Deshalb wurde spätestens seit 1982 jedes Plakat sorgfältigst geplant, nicht in raschem Zugriff realisiert, sondern immer von neuem mit zeitlichem Abstand entwickelt. Wieviele Farbklexe wurden beispielsweise bei dem Plakat „Geschlossen", bei dem ein Pinsel und ein dicker weißer Farbstrich eine sich kreuzende Barriere bilden, probiert, wieviele Pinsel!

Bis Mitte 1986 folgten alle Plakatentwürfe dem üblichen „Plakat-Gestaltungs-Gesetz," von der Mitte her zu expandieren. Bei dem Plakat „Design-Process-Auto" versuchte Pierre Mendell die Gewichte in die Ecken zu setzen. Dies bedeutet für ein Plakat, den Druck schon am Rand zu beginnen, um so die mitwerbenden Anschläge zu bedrängen und die Wirkung zu steigern. Das brachte zwangsläufig die Inkaufnahme einer leeren Mitte mit sich oder mit anderen Worten: der horror vacui mußte bewältigt werden. Dieser Entwurf zählt heute für mich zu den interessantesten, obwohl das Problem der Typographie nicht voll gelöst werden konnte, jedoch in dem kleineren Buchumschlag mit zwei Schriftgrößen eine ungemein wirkungsvolle Form erbracht hat. Auch hierbei wird die kunsthistorische Erfahrung bestätigt, daß jedes Ding zumeist nur eine ideale, adäquate Dimension besitzt.

15

In den letztvergangenen sechseinhalb Jahren entwarf das Studio Mendell & Oberer neben kleineren Drucksachen 17 Plakate und etwa eineinhalb Dutzend Bücher bzw. Kataloge. Das ist in einer von Masse und Quantität beherrschten Zeit sicher keine große Zahl. Dennoch ist damit der Neuen Sammlung ein unverwechselbares Erscheinungsbild, eine spezifische Darstellungsform zugewachsen, deren Fehlen im Münchner Kulturleben zweifellos einen Verlust darstellen würde.

Die meisten Entwürfe wurden prämiiert und begannen mit Hilfe zahlreicher Ausstellungen im In- und Ausland ein über den unmittelbaren Zweck hinaus fortwirkendes Eigenleben zu führen. Man sieht daran, daß sich Gestalt oder graphisches Niveau selbst in kleiner Zahl bei konsequenter Verfechtung durchzusetzen vermag.

Hans Wichmann

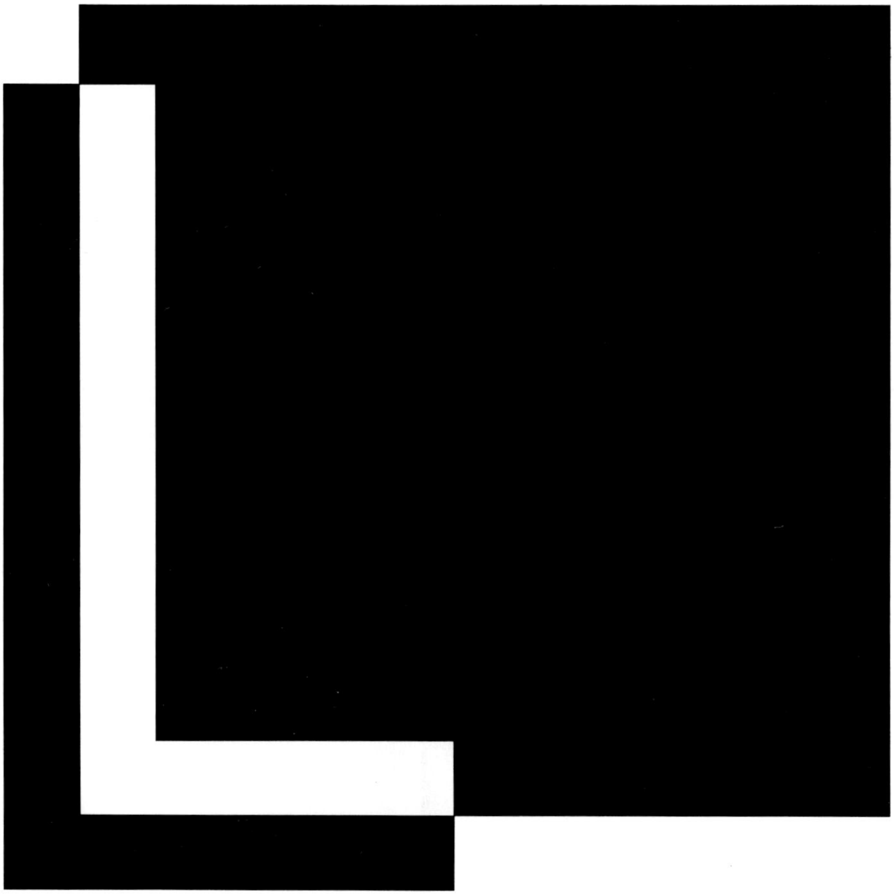

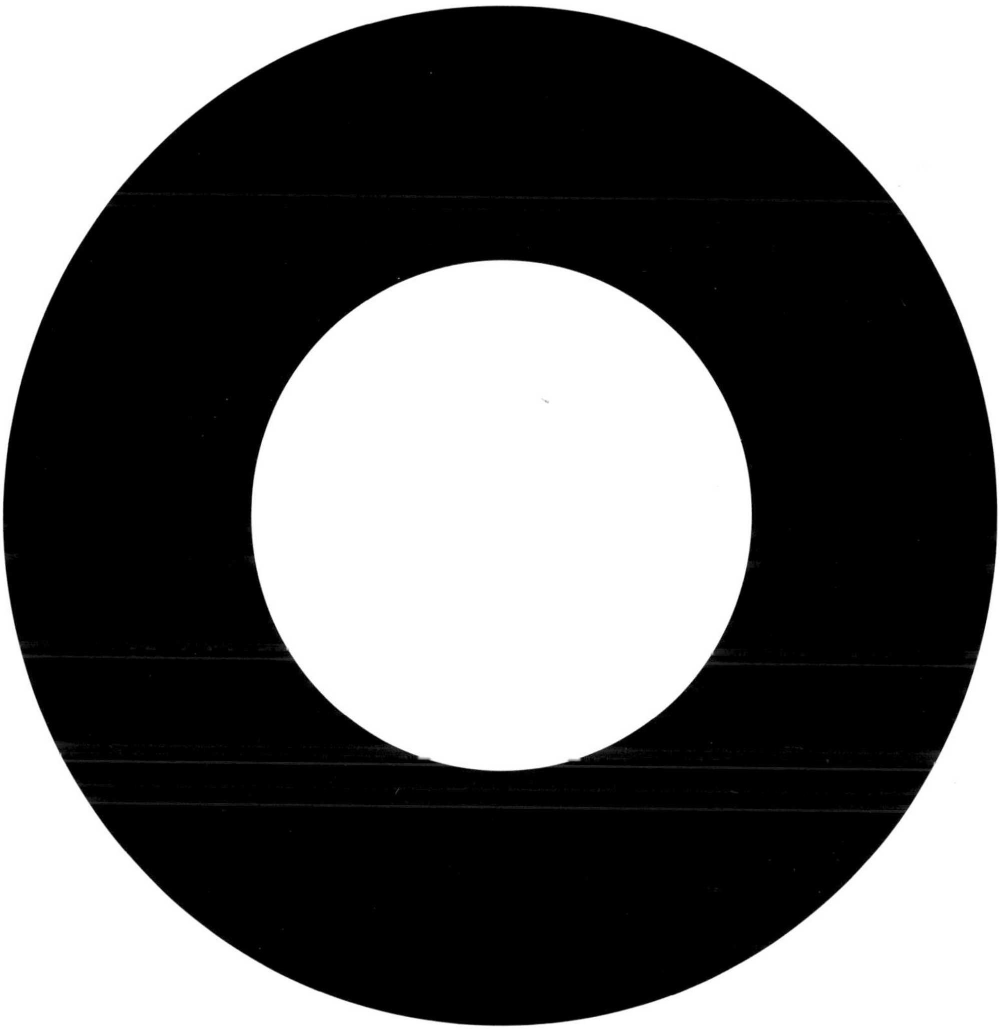

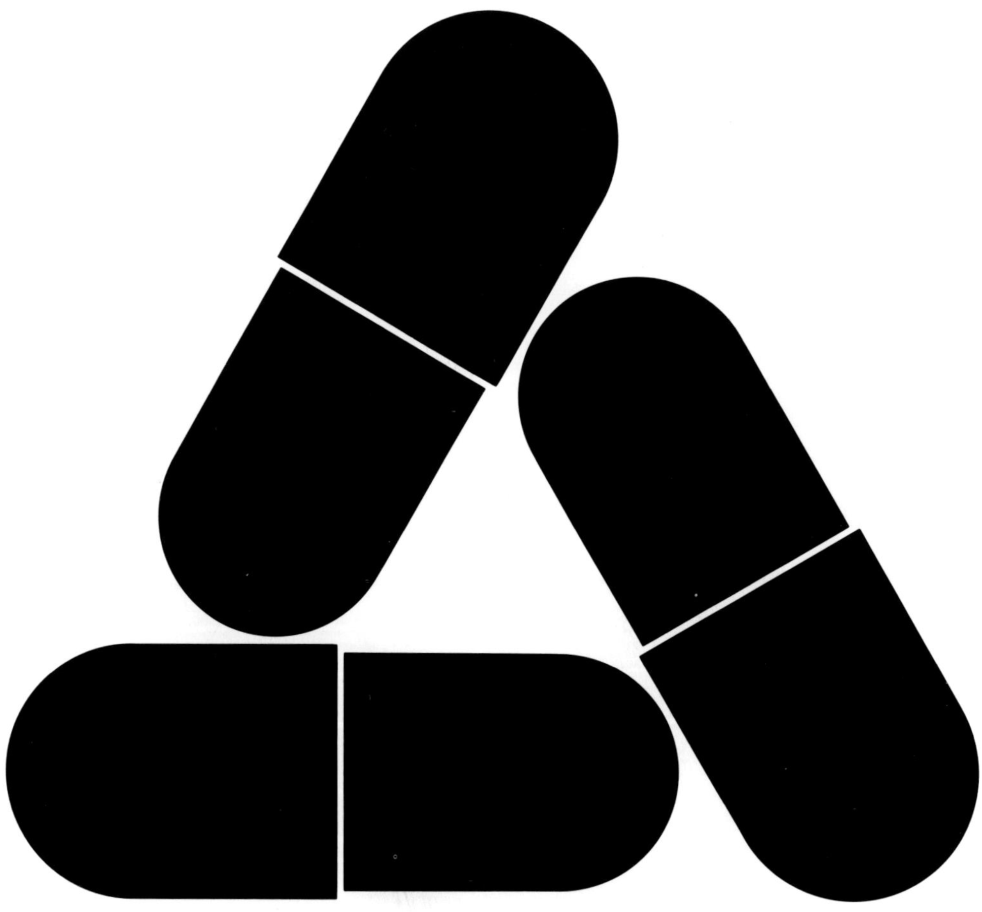

City

Golf

LIB

ERO

DESIGN
IST KUNST
DIE SICH
NÜTZLICH
MACHT

Kirche
heute
Architektur und Gerät
Süddeutscher Raum
Ausstellung 4 der Serie
»Blickpunkte«
Gemeinsam mit
dem 88. Deutschen
Katholikentag
3.7. bis 30.9.1984
Dienstag bis Sonntag
10 bis 17 Uhr
Die Neue Sammlung
Staatliches Museum
für angewandte Kunst
Prinzregentenstr. 3
München

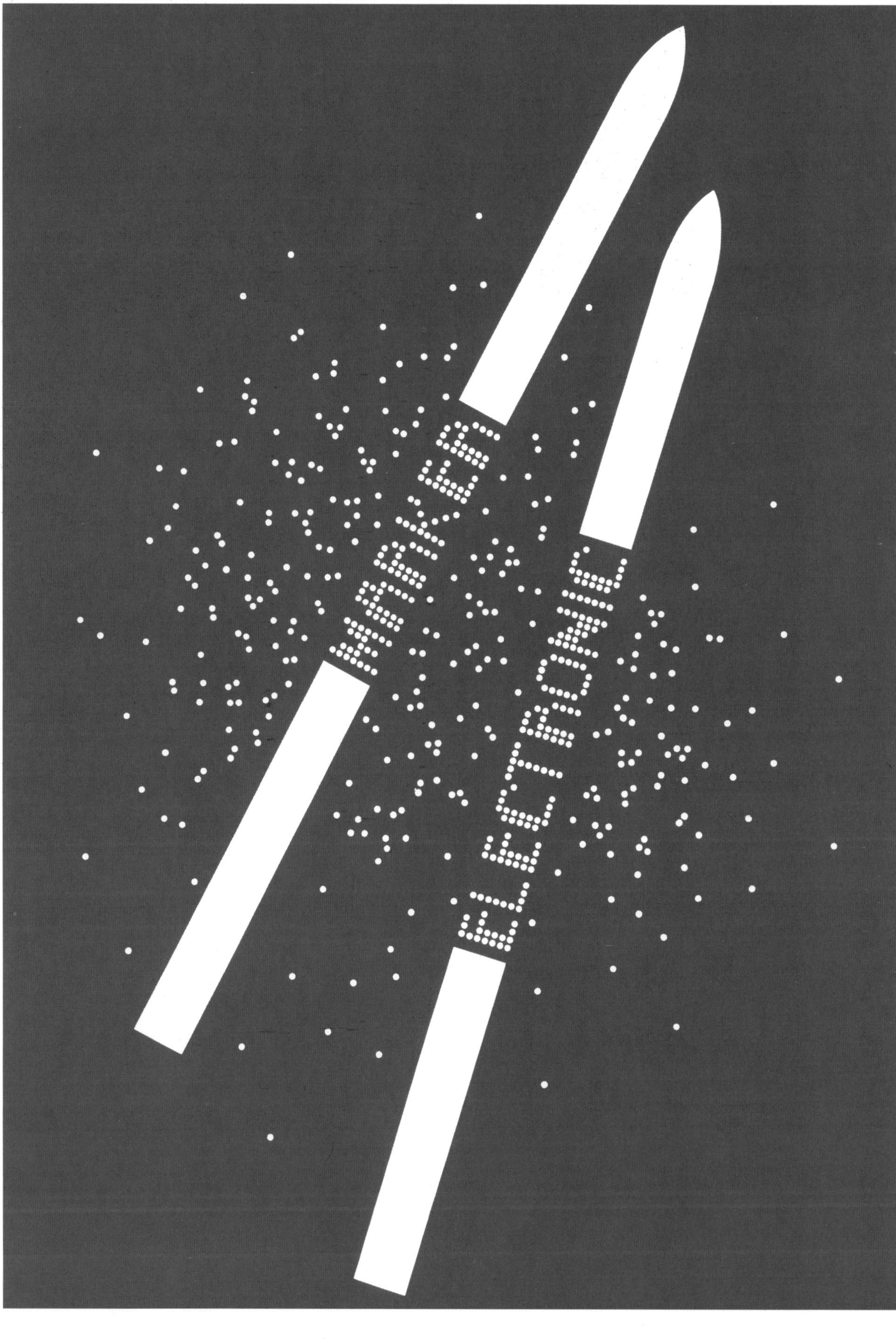

MARKER
ELECTRONIC

Gewerbemuseum Basel

4. Februar-23. März 1967

Täglich geöffnet von 10-12 und 14-17 Uhr

Mittwoch auch 20-22 Uhr

Eintritt frei

Ehemalige
Schüler der Grafik-
Fachklasse
an der Kunst-
gewerbeschule Basel
zeigen
Arbeiten
aus der Praxis

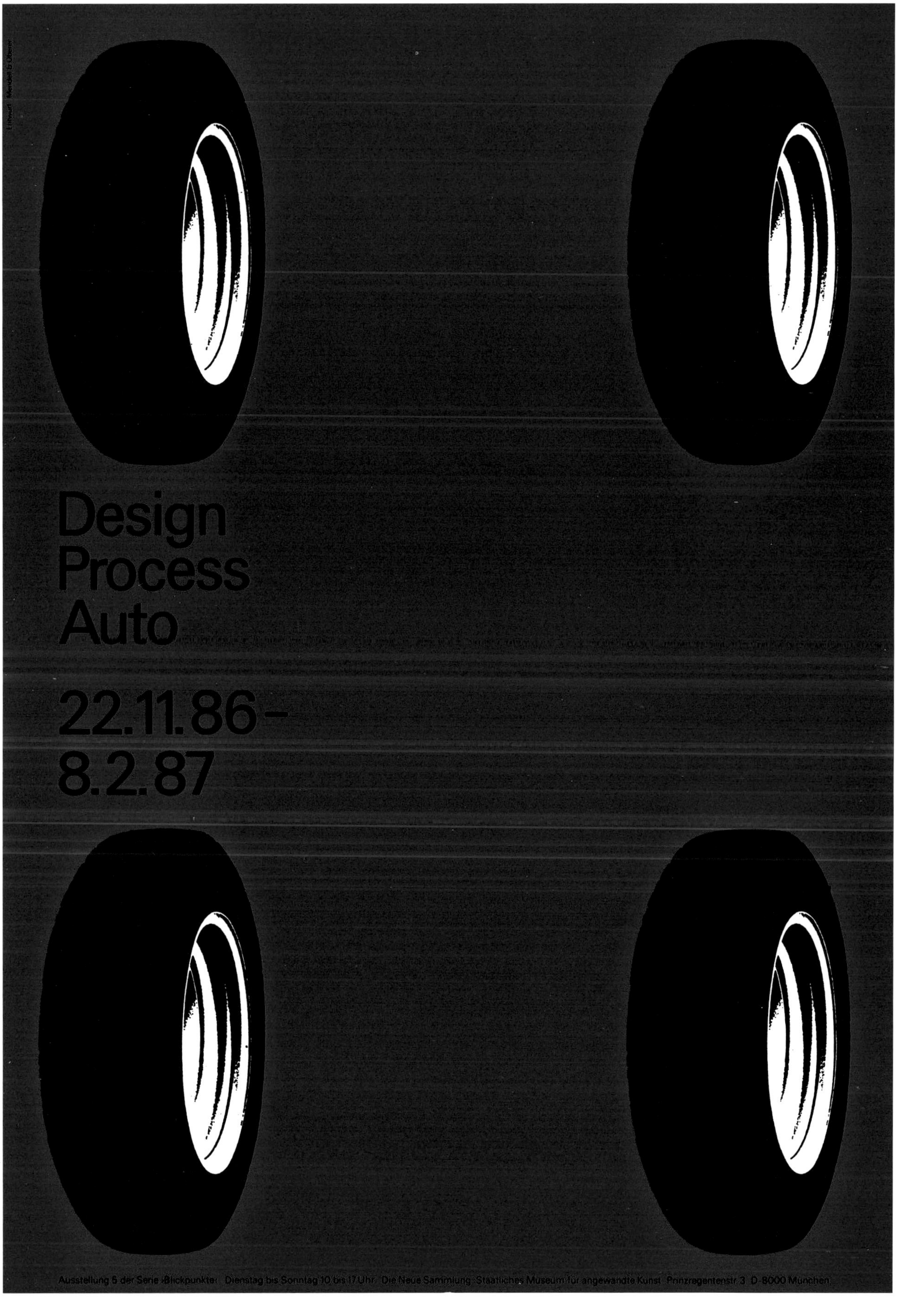
Design
Process
Auto
22.11.86–
8.2.87
Ausstellung 5 der Serie ›Blickpunkte‹ Dienstag bis Sonntag 10 bis 17 Uhr Die Neue Sammlung Staatliches Museum für angewandte Kunst Prinzregentenstr. 3 D-8000 München

Besuchen Sie uns in der Neuen Pinakothek München.

Bayerische Staatsgemäldesammlungen, Neue Pinakothek, Barer Straße 29, Eingang Theresienstraße, 8000 München 40, Dienstag mit Sonntag von 9 Uhr bis 16.30 Uhr, Dienstag auch von 19 Uhr bis 21 Uhr

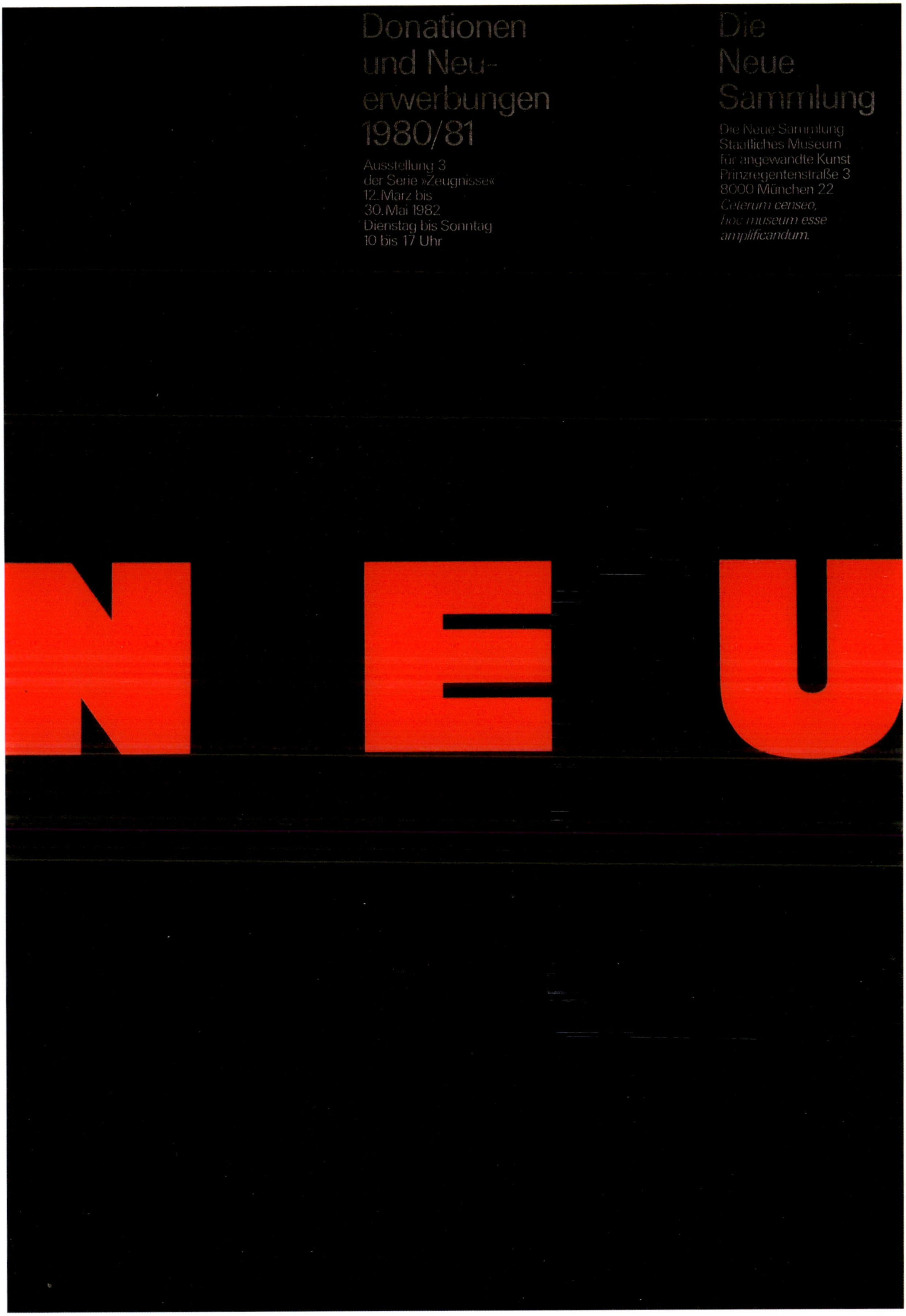
Donationen
und Neu-
erwerbungen
1980/81
Ausstellung 3
der Serie »Zeugnisse«
12. März bis
30. Mai 1982
Dienstag bis Sonntag
10 bis 17 Uhr
Die
Neue
Sammlung
Die Neue Sammlung
Staatliches Museum
für angewandte Kunst
Prinzregentenstraße 3
8000 München 22
Ceterum censeo,
hoc museum esse
amplificandum.
NEU

Gerhard
Richter
Neue
Bilder
Galerie
Heiner
Friedrich
München
Maximilian
straße 15
Telefon
29 50 21
Ausstellung
vom 2. Mai bis
4. Juni 1967
Dienstag bis
Samstag
10 bis 19 Uhr

Design ist Kunst, die sich nützlich macht. Agfa.

hans gugelot
bahnbrecher
1920–1965
systemdesign
System-Design
Bannbrecher
Hans Gugelot
1920–1965
Ausstellung 3
der Serie »Blickpunkte«
13. April bis 3. Juni 1984
Dienstag bis Sonntag
10 bis 17 Uhr
Die Neue Sammlung
Staatliches Museum
für angewandte Kunst
Prinzregentenstr. 3
München

Mendell & Oberer Graphic Design

GADES

Die Neue Sammlung
Schweizer Architektur 1970/80
Ausstellung 1 der Serie ›Beispiele‹
7. Juli bis 31. August 1981 Dienstag bis Sonntag 10 bis 17 Uhr
Die Neue Sammlung Staatliches Museum für angewandte Kunst
8000 München 22 Prinzregentenstraße 3
Ceterum censeo, hoc museum esse amplificandum.

Geschlossen!
Aufgrund von Umbauten des Gebäudes fallen die Ausstellungen der Neuen Sammlung für mehrere Monate aus. Die Museumsarbeit wird jedoch fortgesetzt.
Die Neue Sammlung Staatliches Museum für angewandte Kunst Prinzregentenstraße 3 8000 München 22
Ceterum censeo, hoc museum esse amplificandum.

Polnische
Plakate
Polnische Plakate der
Nachkriegszeit
Ausstellung 4 der
Reihe »Zeugnisse« aus
den verborgenen Depots
der Neuen Sammlung
8. März bis 31. Mai 1985
Di bis So 10 bis 17 Uhr
Die Neue Sammlung
Staatliches Museum
für angewandte Kunst
Prinzregentenstraße 3
8000 München 22

Kieler
Woche
1986
21.–
29.
Juni

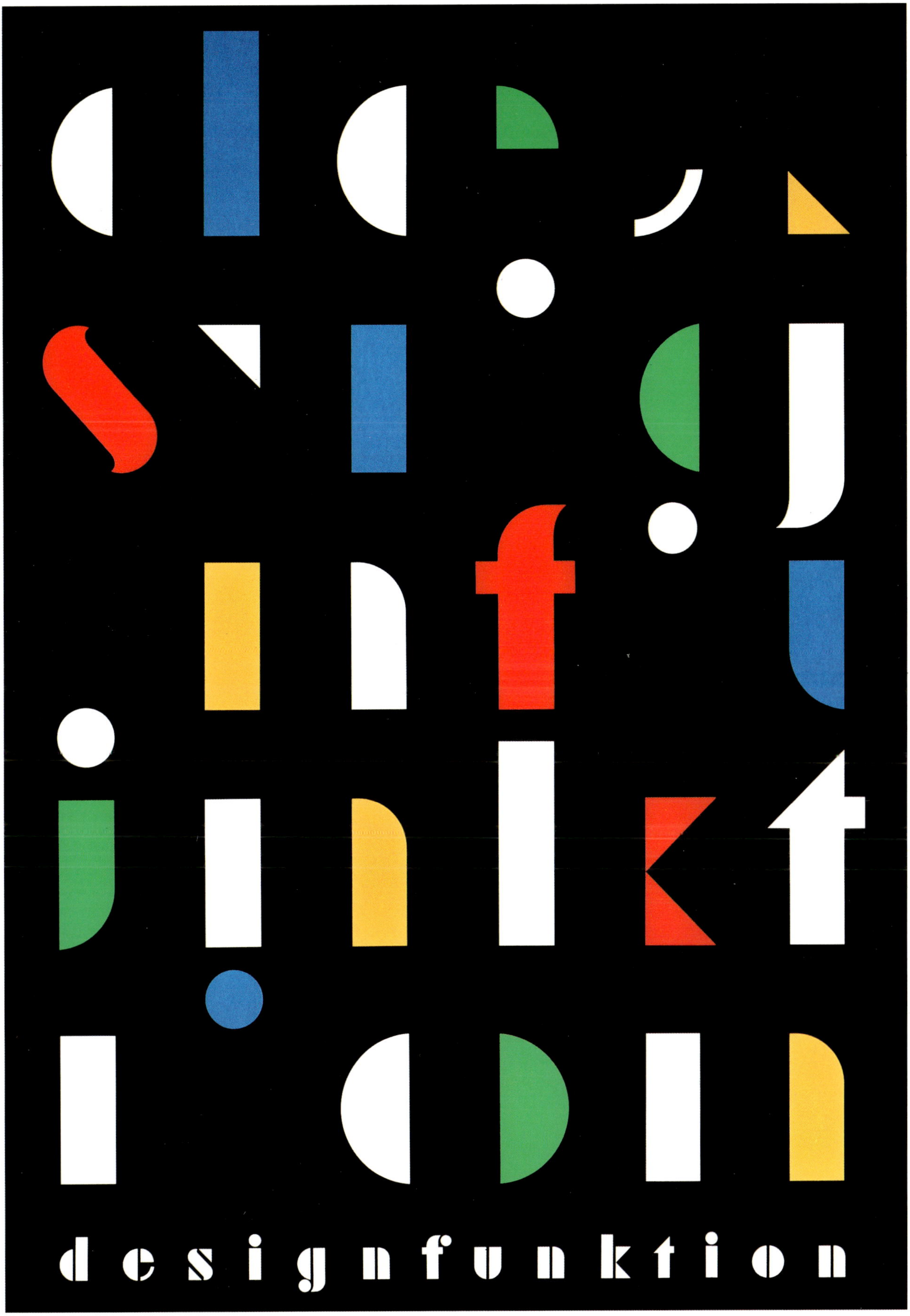
designfunktion

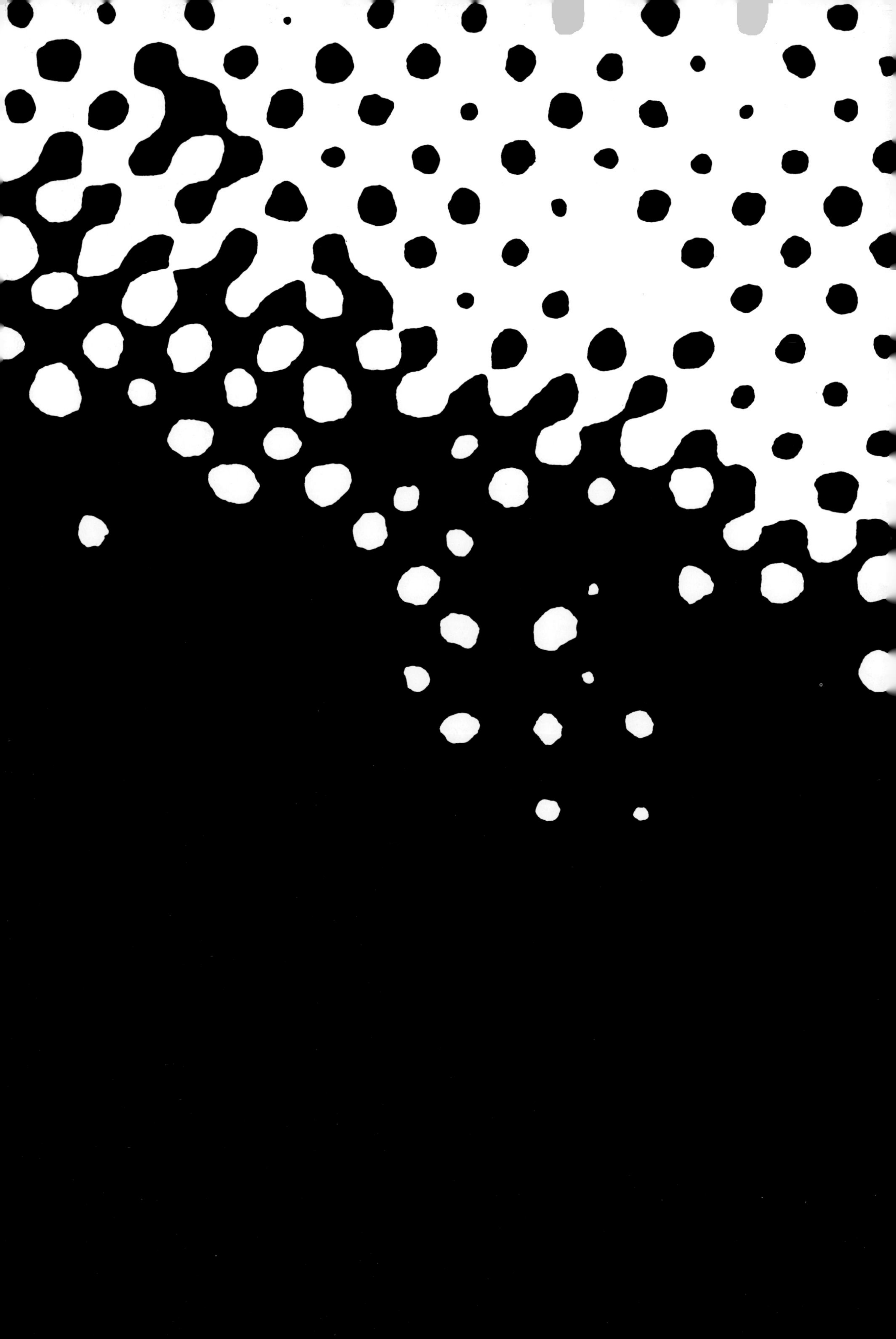

Bukowski
Notes
of a dirty
old man
Melzer
Charles
Bukowski
Notes
of a dirty
old man
Melzer

• Richard Hey •
Ohne Geld singt
der Blinde nicht
••• Roman •••
AutorenEdition

Walter Jens

Der Untergang

Kindler

03

64

Joachim
Kaiser
Grosse Pianisten
in unserer Zeit

christian geissler
ende der anfrage

Gebrauchsgraphik International Advertising Art München November 1962

Aa As Das Große Fischer-Lexikon in Farbe
As Bl Das Große Fischer-Lexikon in Farbe
Bl Co Das Große Fischer-Lexikon in Farbe
Co Dz Das Große Fischer-Lexikon in Farbe
Ea Fe Das Große Fischer-Lexikon in Farbe
Fe Ge Das Große Fischer-Lexikon in Farbe
Ge Ha Das Große Fischer-Lexikon in Farbe
Ha In Das Große Fischer-Lexikon in Farbe
In Ka Das Große Fischer-Lexikon in Farbe
Fischer-Lexikon in Farbe
Ab

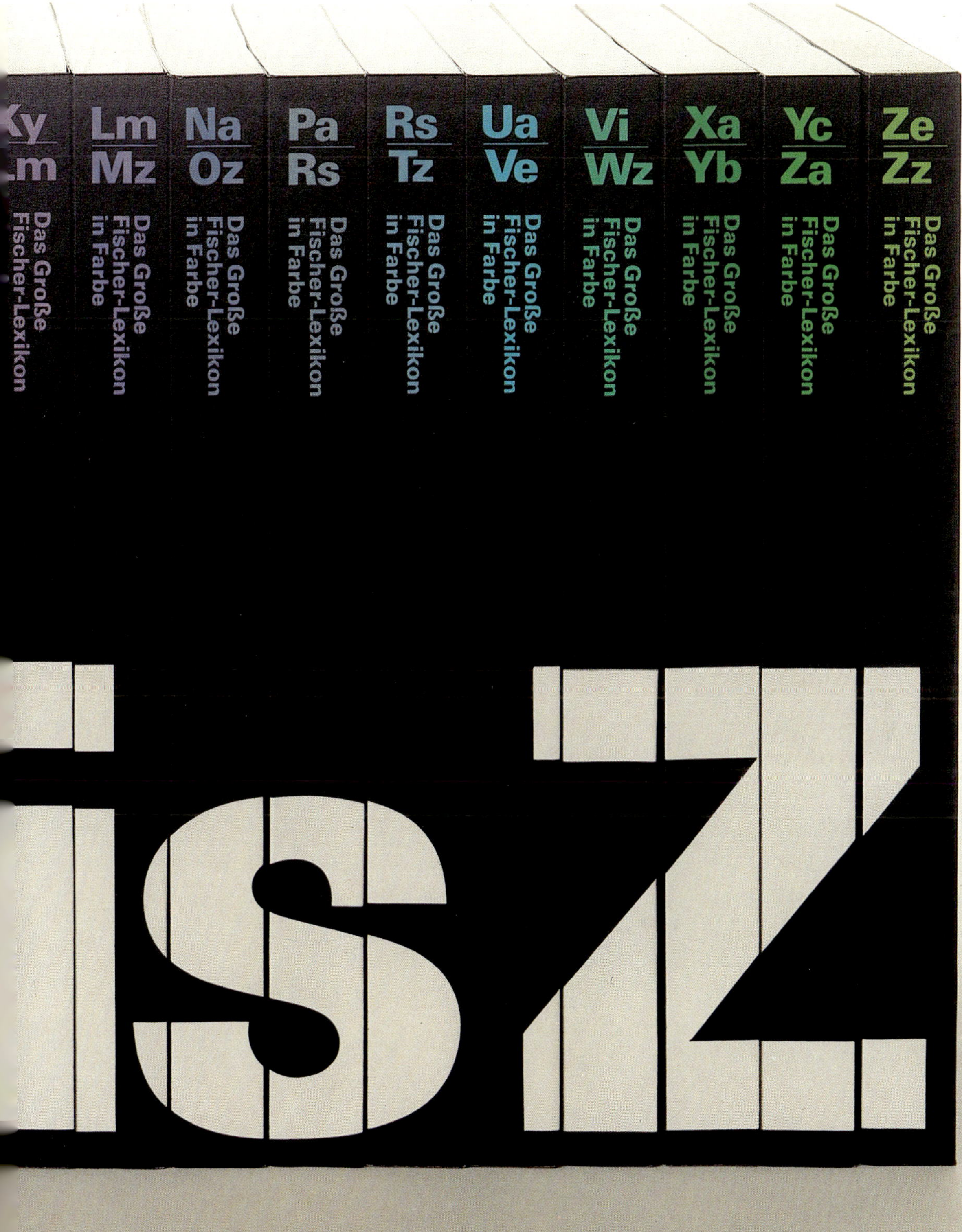

Ky Lm Das Große Fischer-Lexikon
Lm Mz Das Große Fischer-Lexikon in Farbe
Na Oz Das Große Fischer-Lexikon in Farbe
Pa Rs Das Große Fischer-Lexikon in Farbe
Rs Tz Das Große Fischer-Lexikon in Farbe
Ua Ve Das Große Fischer-Lexikon in Farbe
Vi Wz Das Große Fischer-Lexikon in Farbe
Xa Yb Das Große Fischer-Lexikon in Farbe
Yc Za Das Große Fischer-Lexikon in Farbe
Ze Zz Das Große Fischer-Lexikon in Farbe
is Z

50 Jahre
IBM
Werk
Berlin

1934

1938

1940

1944

1946

1967

1975

WINTERGARTEN
1935
1937
1941
1943
1947
1958
1981
1984

Blinn Deutsche Literaturwissenschaft 7318
1680
F W
Pearson (Hrsg.) Handbuch der Kinder-Psychoanalyse 7324
1880
F W
Peter Mertz Der König lebt 7313
2980
F W
Sándor Ferenczi Schriften zur Psychoanalyse II 7317
1880
F W

Henri Pirenne Geschichte Europas 7321
2980
F
W
Karl Abraham Gesammelte Schriften Band I 7319
2980
F
W
Karl Abraham
Gesammelte Schriften
Band I
Fischer
Wissenschaft

S. Gasiorowicz
Quantenphysik
4. Auflage
Oldenbourg
Systematische
6. Auflage
Oldenbourg
H. Clausert/G. Wiesemann
Grundgebiete der Elektrotechnik 2
Wechselströme, Leitungen, Anwendungen der Laplace- und der Z-Transformation
2. Auflage
Oldenbourg
G. Schmitt
Mikrocomputertechnik mit dem 16-Bit-Prozessor 8086
Maschinenorientierte Programmierung Grundlagen, Schaltungstechnik und Anwendungen
Oldenbourg
H. Frauenfelder/E. M. Henley
Teilchen und Kerne
Subatomare Physik
2. Auflage
Oldenbourg

K. Nagel
Oldenbourg
Feynman/Leighton/Sands
Feynman
Vorlesungen
über Physik
Band 1: Mechanik, Strahlung, Wärme
Oldenbourg
Rüegg
Wahrscheinlich-
keitsrechnung
und Statistik
Eine Einführung für Ingenieure
Oldenbourg
Verzeichnis '87
Mathematik
Statistik
Oldenbourg
P. Calingaert
aus Benutzersicht
2. Auflage
Oldenbourg
D. Zöbel
Programmierung
von
Echtzeitsystemen
Oldenbourg

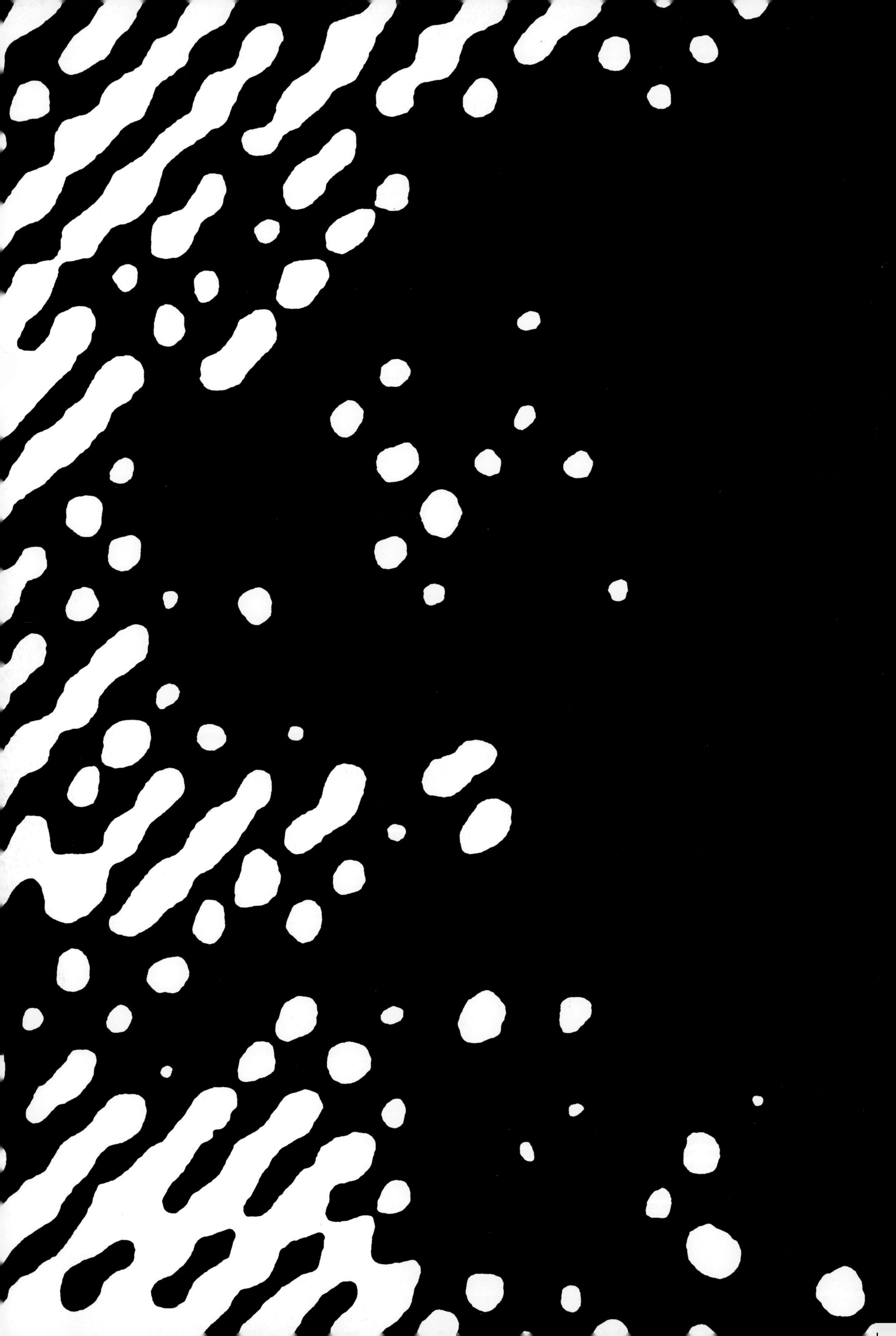

VIDEON

DEON

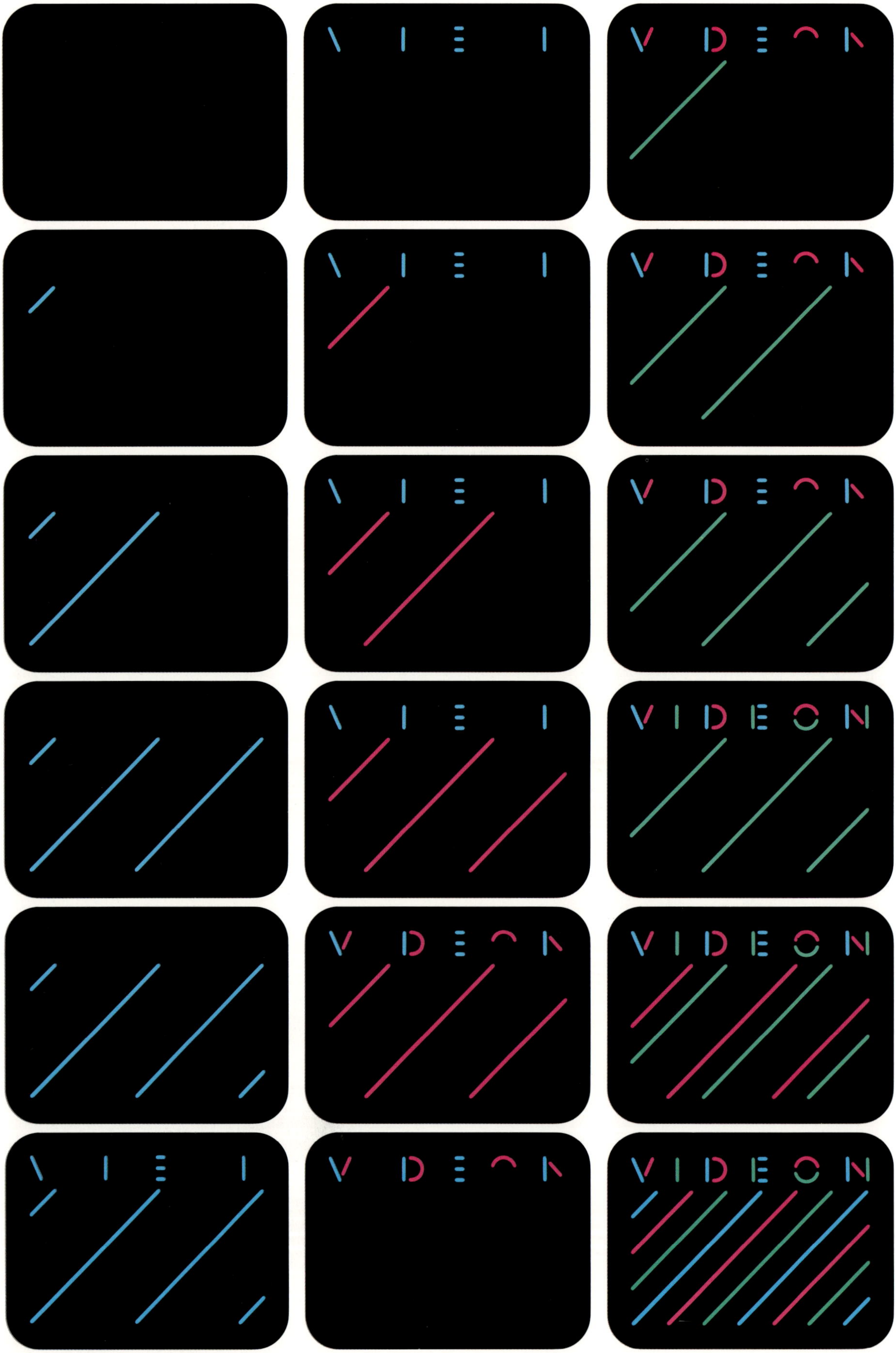
VIDEON

Made in Japan
VHS
PAL SECAM
E-180

VIDEON
VIDEONews

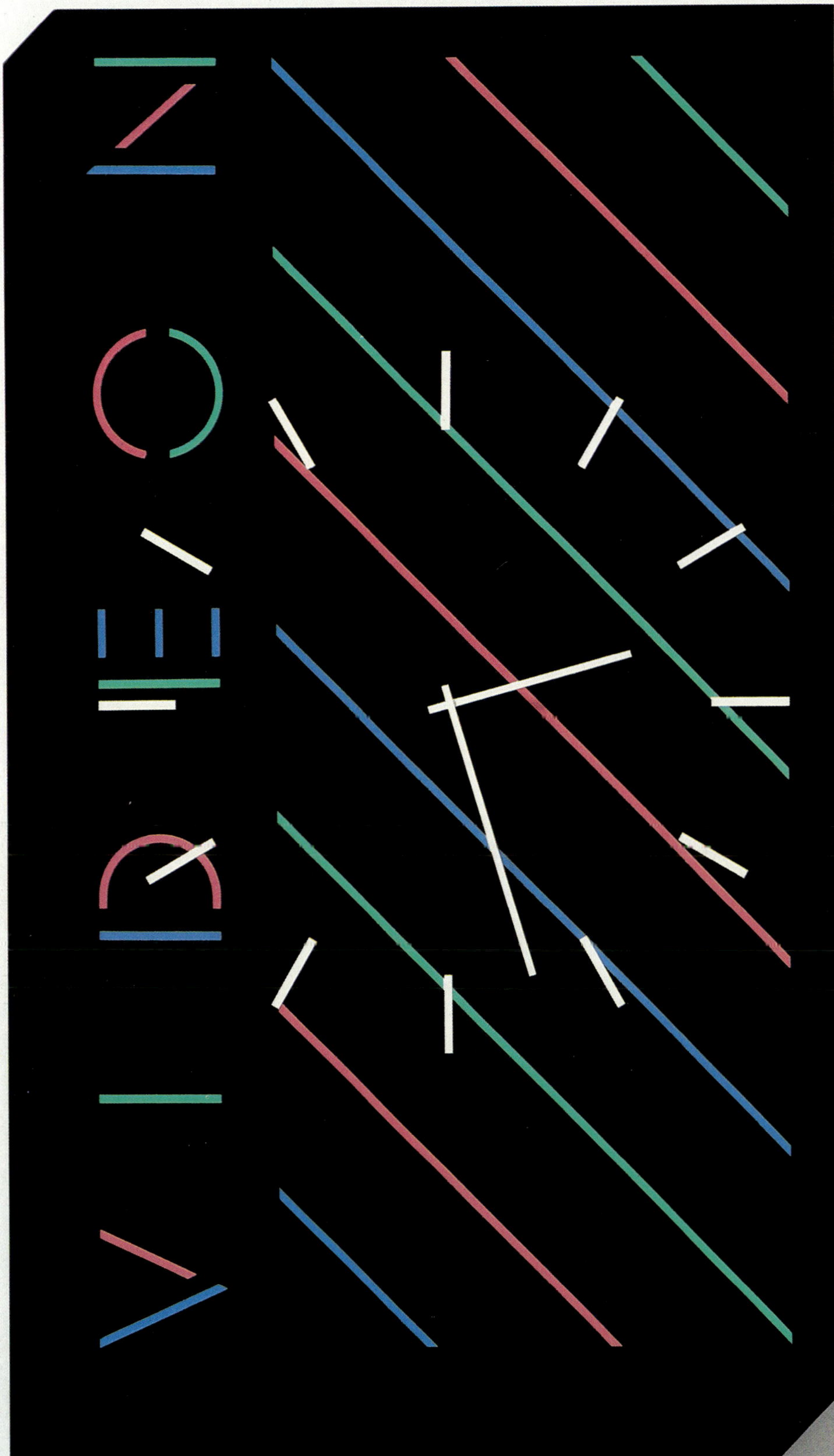

VIDE

CAMEL
FILTERS
TURKISH & AMERICAN
BLEND
CIGARETTES
(Teer). (Durchschnittswerte nach DIN).

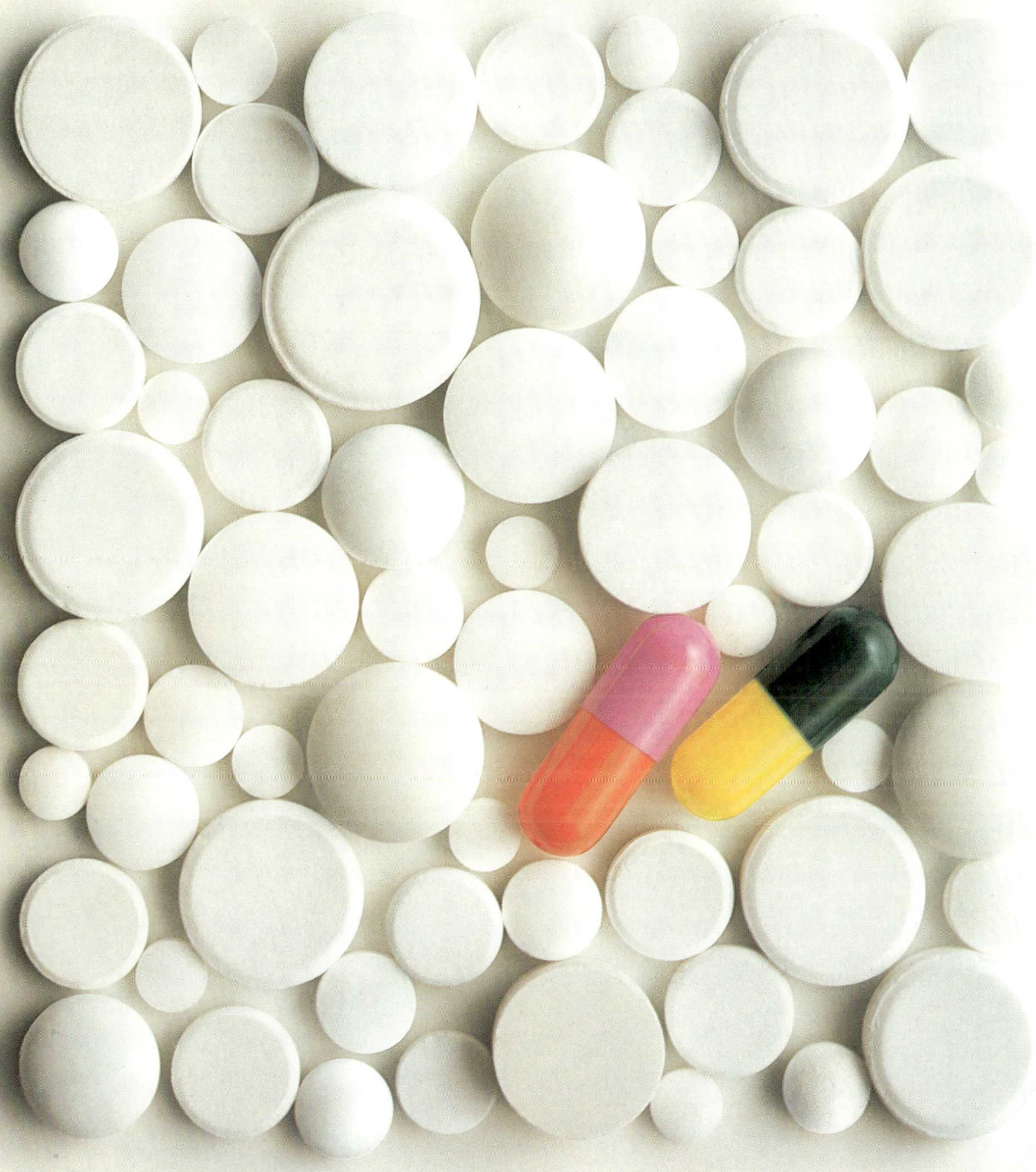

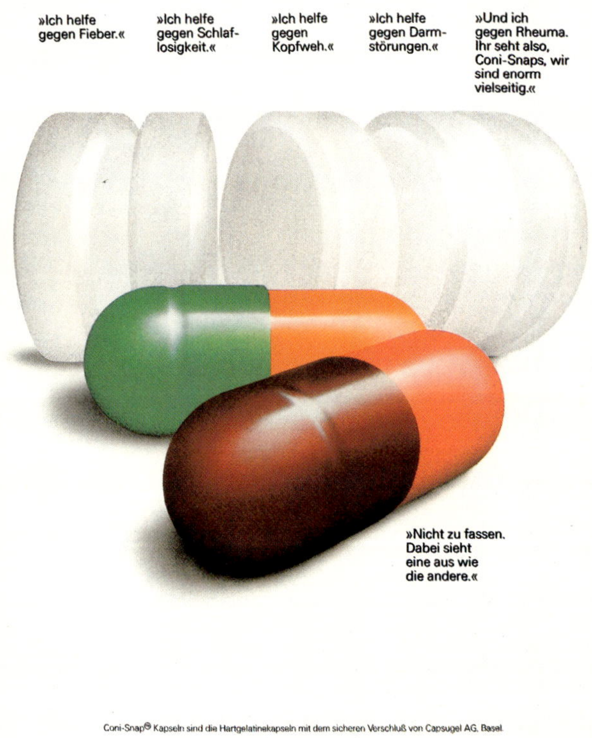
»Ich helfe gegen Fieber.«
»Ich helfe gegen Schlaf-losigkeit.«
»Ich helfe gegen Kopfweh.«
»Ich helfe gegen Darm-störungen.«
»Und ich gegen Rheuma. Ihr seht also, Coni-Snaps, wir sind enorm vielseitig.«
»Nicht zu fassen. Dabei sieht eine aus wie die andere.«
Coni-Snap® Kapseln sind die Hartgelatinekapseln mit dem sicheren Verschluß von Capsugel AG, Basel.

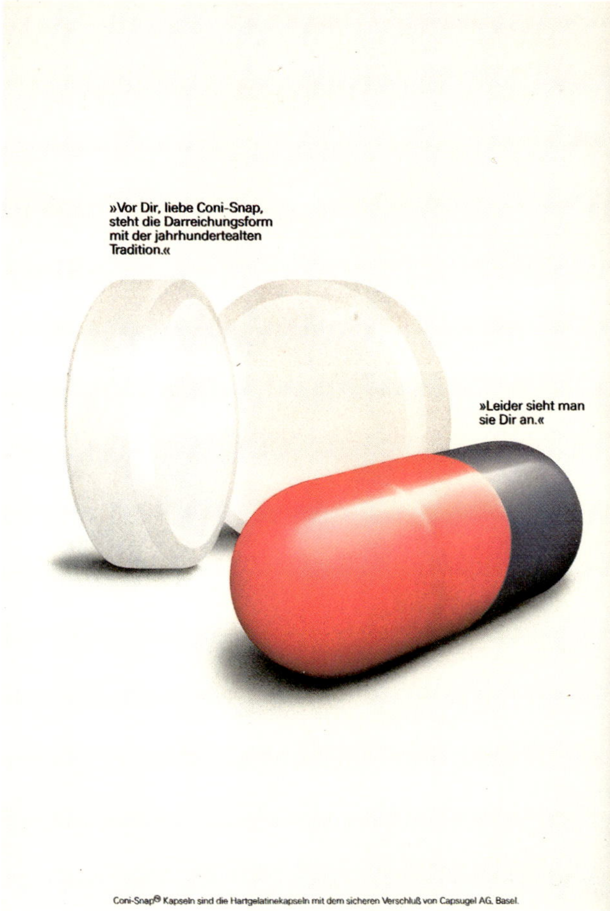
»Vor Dir, liebe Coni-Snap, steht die Darreichungsform mit der jahrhundertealten Tradition.«
»Leider sieht man sie Dir an.«
Coni-Snap® Kapseln sind die Hartgelatinekapseln mit dem sicheren Verschluß von Capsugel AG, Basel.

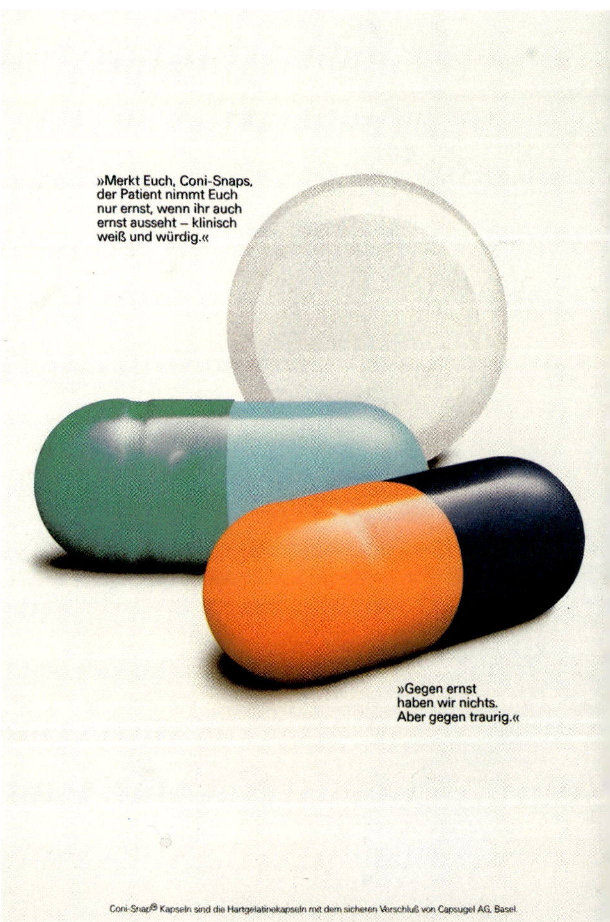
»Merkt Euch, Coni-Snaps, der Patient nimmt Euch nur ernst, wenn ihr auch ernst ausseht – klinisch weiß und würdig.«
»Gegen ernst haben wir nichts. Aber gegen traurig.«
Coni-Snap® Kapseln sind die Hartgelatinekapseln mit dem sicheren Verschluß von Capsugel AG, Basel.

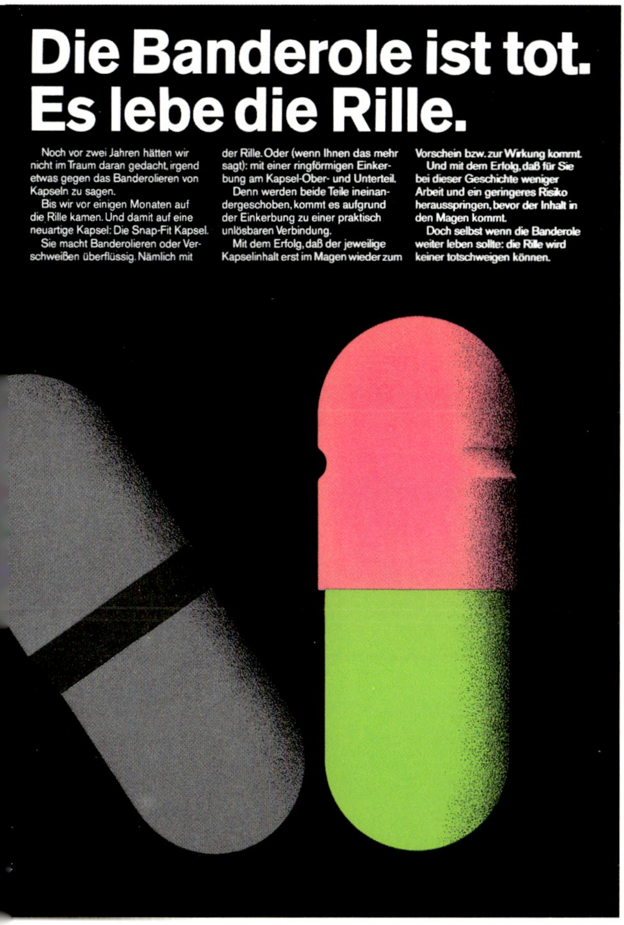
Die Banderole ist tot.
Es lebe die Rille.
Noch vor zwei Jahren hätten wir nicht im Traum daran gedacht, irgend etwas gegen das Banderolieren von Kapseln zu sagen.
Bis wir vor einigen Monaten auf die Rille kamen. Und damit auf eine neuartige Kapsel: Die Snap-Fit Kapsel.
Sie macht Banderolieren oder Verschweißen überflüssig. Nämlich mit der Rille. Oder (wenn Ihnen das mehr sagt): mit einer ringförmigen Einkerbung am Kapsel-Ober- und Unterteil.
Denn werden beide Teile ineinandergeschoben, kommt es aufgrund der Einkerbung zu einer praktisch unlösbaren Verbindung.
Mit dem Erfolg, daß der jeweilige Kapselinhalt erst im Magen wieder zum Vorschein bzw. zur Wirkung kommt.
Und mit dem Erfolg, daß für Sie bei dieser Geschichte weniger Arbeit und ein geringeres Risiko herausspringen, bevor der Inhalt in den Magen kommt.
Doch selbst wenn die Banderole weiter leben sollte: die Rille wird keiner totschweigen können.

Die Kapsel hat jetzt
eine ernsthafte Konkurrenz:
Die Snap-Fit Kapsel.
Diese Snap-Fit Kapsel funktioniert im Grunde genauso wie eine herkömmliche Kapsel. Und sie hat auch genauso gute Eigenschaften. Und sie sieht auch genauso gut aus.
Bis auf einen kleinen, aber äußerst praktischen Schönheitsfehler:
Die Rille.
Dieser Schönheitsfehler existiert gleich zweimal. Am Kopf des Kapsel-Oberteils. Und am Kapsel-Unterteil. Und er bewirkt folgendes:
Werden beide Teile ineinandergeschoben, rastet die Rille des Oberteils in die des Unterteils ein.
Folge: Kapsel wie Inhalt sind und bleiben fest und sicher verschlossen.
Weitere Folge: Banderolieren und Verschweißen fallen weg.
Weitere Folge: Weniger Kosten, obwohl Snap-Fit Kapseln kaum mehr kosten als herkömmliche Kapseln.
Wie Sie sehen, kann Konkurrenz manchmal sehr nützlich sein.

93

Wer eine verschlossene
Snap-Fit Kapsel öffnen will, muß
entweder Gewalt anwenden.
Oder schlucken.
Denn wenn eine Snap-Fit Kapsel erst einmal zu ist, gibt es daran nichts mehr zu rütteln. Weil beide Kapselteile fest und sicher eingerastet sind.
Denn beide Kapselteile haben eine Rille.
(Sprich: ringförmige Einkerbung.)
Und beide Rillen passen so genau ineinander, daß haarscharf eine Untertreibung wäre.
Daraus ergeben sich erfreuliche Konsequenzen:
Das lästige und kostspielige Banderolieren oder Verschweißen, zum Beispiel für Kügelchen, fällt weg.
Und wenn Sie bisher weder banderoliert noch verschweißt haben, fällt das Risiko weg, daß die Kapseln auseinanderfallen.
Damit dürfte der Fall Kapsel endgültig eine abgeschlossene Angelegenheit sein.
Falls nicht irgend jemand irgendwann einen besseren Einfall hat.

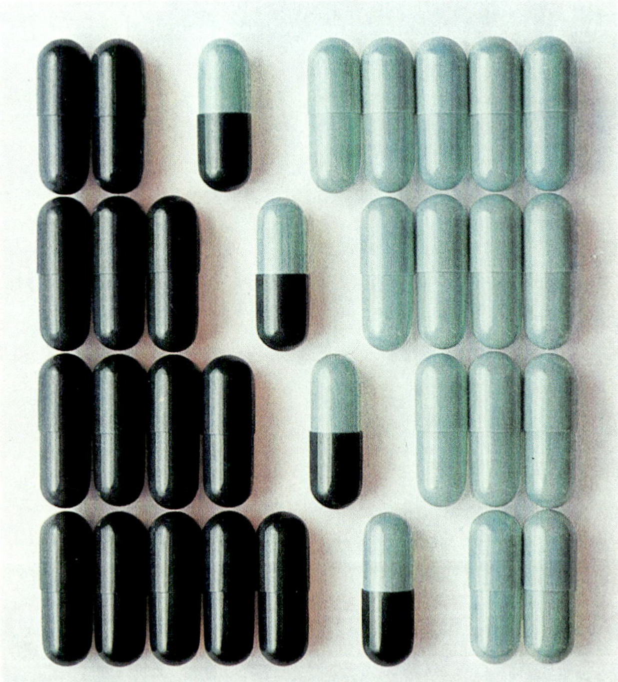

Pharmazeutische Eleganz

Parke-Davis Reingelatinekapseln geben Ihrem Präparat charakteristische Prägung, verbessern die Marktchancen einer Neueinführung. Der Verbraucher assoziiert sie mit hochwertigen Medikamenten. Daran ist besonders bei exportorientierten Präparaten zu denken.

Hunderte von wirkungsvollen Farbkombinationen durch Verwendung verschiedenfarbiger Ober- und Unterteile. Farben vergrößern den Aufmerksamkeitswert, – sie helfen, Gefühlswerte und damit Bindungen schaffen.

S. A. Capsugel N. V.
Technisches Büro
Basel (Schweiz)
Freie Straße 109
Tochtergesellschaft der
Parke, Davis & Company, U. S. A.
Kapselwerke in Belgien, Brasilien, England, Italien, Japan, U. S. A.

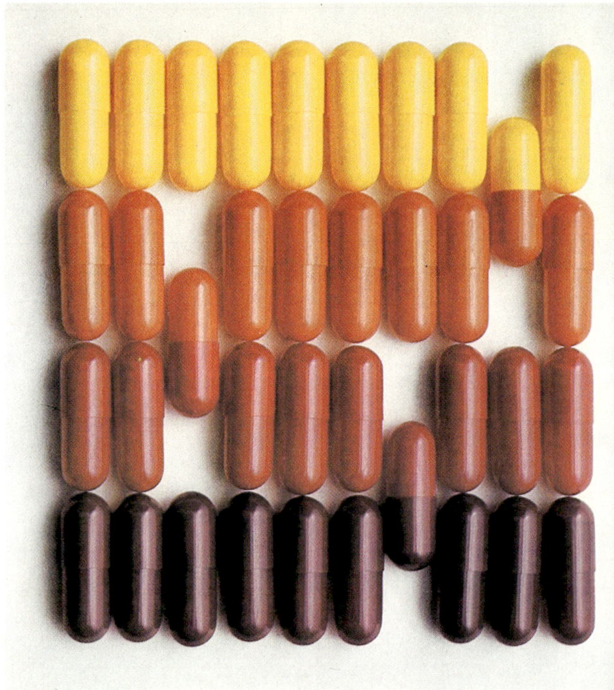

Pharmazeutische Eleganz

Parke-Davis Reingelatinekapseln verleihen Ihrem Medikament pharmazeutischer Eleganz.
Sie sind qualitativ unübertroffen. Wir kontrollieren jede einzele Kapsel von Hand. Es gibt sie in vielen Farben. Sie verringern die Verwechslungsgefahr und unterstützen das Erinnerungsvermögen.

Verschiedenartigste Wirkstoffe lassen sich damit in Ihrem Betrieb leichter abfüllen. Mit hoher Dosiergenauigkeit. Reingelatinekapseln schützen den Inhalt optimal, sind geruch- und geschmackfrei - dem Schluckakt angepaßt.

Parke-Davis Reingelatinekapseln heben sich ab.

Verlangen Sie bitte ausführliche bemusterte Unterlagen. Schreiben Sie an:
S. A. Capsugel N. V.
Technisches Büro
Basel (Schweiz), Freie Straße 109
Tochtergesellschaft der
Parke, Davis & Company, U. S. A.
Kapselwerke in Belgien, Brasilien, England, Italien, U. S. A.

Die Kapsel hebt sich ab

Parke-Davis Reingelatinekapseln heben sich ab.
Qualitativ unübertroffen
Einprägsam
Pharmazeutisch elegant
Eine moderne Arzneiform, die Ihrem Präparat individuelles Aussehen verleiht.

Hunderte von Farbkombinationen. Sie verringern die Verwechslungsgefahr, unterstützen das Erinnerungsvermögen.

Reingelatinekapseln schützen den Inhalt optimal, sind frei von Geschmacksbelästigung – dem Schluckakt angepaßt. Verschiedenartigste Wirkstoffe lassen sich leichter abfüllen, mit hoher Dosiergenauigkeit, in Ihrem eigenen Betrieb.

Verlangen Sie bitte ausführliche bemusterte Unterlagen. Schreiben Sie an:
S. A. Capsugel N. V.
Technisches Büro
Basel (Schweiz)
Freie Straße 109
Tochtergesellschaft der
Parke, Davis & Company, U. S. A.
Kapselwerke in Belgien, Brasilien, England, Italien, Japan, U. S. A.

Wir glaubten ja immer schon, daß unser Snap-Fit® Verschluß der beste ist. Aber nun wissen wir es.

Und nun dürfen wir es auch sagen. Denn da haben Wissenschaftler an einem deutschen Prüfamt eine interessante Untersuchung gemacht. Sie wollten nämlich genau wissen, welche Kraft nötig ist, um verschiedene Kapseln verschiedener Fabrikate zu öffnen.

Das Ergebnis war: Um das Oberteil einer geschlossenen und gefüllten SNAP-FIT® Kapsel vom Unterteil zu trennen, braucht man durchschnittlich mehr Kraft als bei jeder anderen auf dem Markt befindlichen Kapsel. (Das liegt an dem ausgeklügelten SNAP-FIT®-Einrastsystem.)

Wie wichtig das sein kann, brauchen wir Ihnen gar nicht erst zu erklären. Denn Sie wissen, welchen Ärger Kapseln machen, die sich öffnen, wenn sie geschlossen sein sollten. Sei es beim Abfüllen, beim Verpacken, beim Einsiegeln, beim Transport.

Bei SNAP-FIT® Kapseln kann das alles nicht passieren. Die halten dicht, wenn andere es schon längst aufgegeben haben. Um sie zu öffnen, muß man schon Gewalt anwenden. Oder schlucken.

Wenn Sie die wissenschaftliche Untersuchung genauer kennenlernen wollen, schreiben Sie uns. Wir schicken sie Ihnen gerne zu.

Capsugel AG, Basel

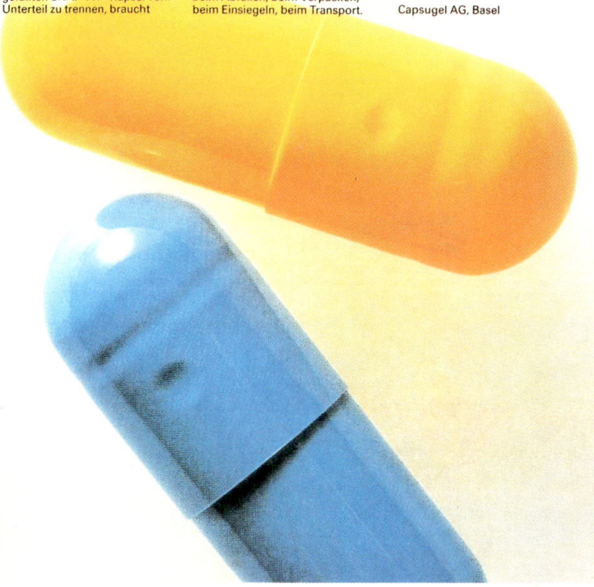

Da haben Wissenschaftler etwas über unsere Snap-Fit® Kapsel herausgefunden, was wir selbst noch nicht wußten.

SNAP-FIT® Kapseln gibt es seit fünf Jahren. Daß sie gut sind, weiß inzwischen alle Welt. Aber erst jetzt haben Wissenschaftler an einem deutschen Prüfamt folgendes untersucht: Sie haben Kapseln verschiedener Fabrikate in gefülltem, geschlossenem Zustand darauf geprüft, wieviel Kraft nötig ist, um sie zu öffnen. Das fanden sie heraus:

Um eine gefüllte, geschlossene SNAP-FIT® Kapsel zu öffnen, braucht man mehr Kraft als bei jeder anderen Kapsel. Der Grund dafür ist der SNAP-FIT®-Verschluß. Aufgrund seiner Konstruktion halten Ober- und Unterteil der Kapsel so dicht zusammen.

Und das bedeutet: Die SNAP-FIT® Kapsel öffnet sich nicht während der Konfektionierung. Sie öffnet sich nicht beim Transport, nicht beim Einsiegeln in Durchdrückpackungen. Sie öffnet sich erst dort, wo sie es soll. Im Magen.

Wenn Sie die wissenschaftliche Untersuchung genauer kennenlernen wollen, schreiben Sie uns. Wir schicken sie Ihnen gerne zu.

Capsugel AG, Basel

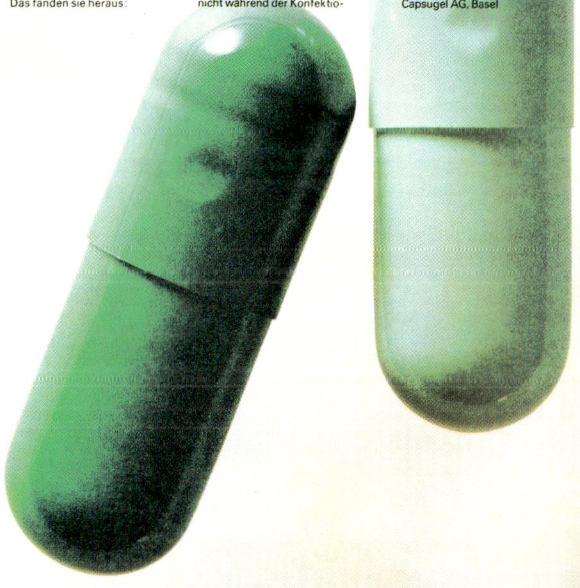

95

Alle Kapseln halten dicht. Die einen mehr. Die anderen weniger.

Aber auf diesen kleinen Unterschied kommt es an. Denn Kapseln, die nicht wirklich dicht halten, können eine Menge Ärger machen. Indem sie nämlich aufgehen, wenn sie es nicht sollen. (Zum Beispiel beim Abfüllen, beim Verpacken, beim Einsiegeln in Durchdrückpackungen, beim Transport oder beim Lackieren im Wirbelschichtverfahren.)

Seit dem 12. Januar haben wir nun den Beweis, daß unsere SNAP-FIT® Kapsel nicht zu jenen gehört, die Ihnen Ärger machen können. Und noch mehr: wir haben seitdem den Beweis, daß der SNAP-FIT®-Verschluß der sicherste der Welt ist.

Denn eine Untersuchung unabhängiger Wissenschaftler ergab: um eine gefüllte, geschlossene SNAP-FIT® Kapsel zu öffnen, braucht man durchschnittlich mehr Kraft als bei jeder anderen Kapsel.

Wenn Sie also meinen, Kapsel sei Kapsel, sollten Sie einmal die Untersuchung lesen. Wenn Sie uns schreiben, schicken wir sie Ihnen gerne zu.

Capsugel AG, Basel

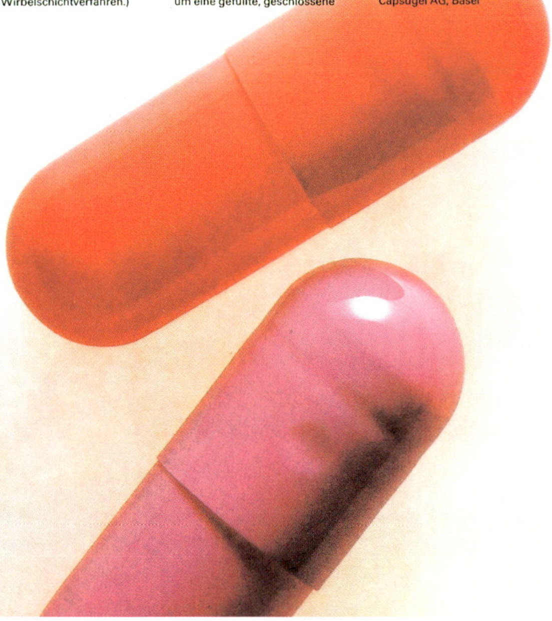

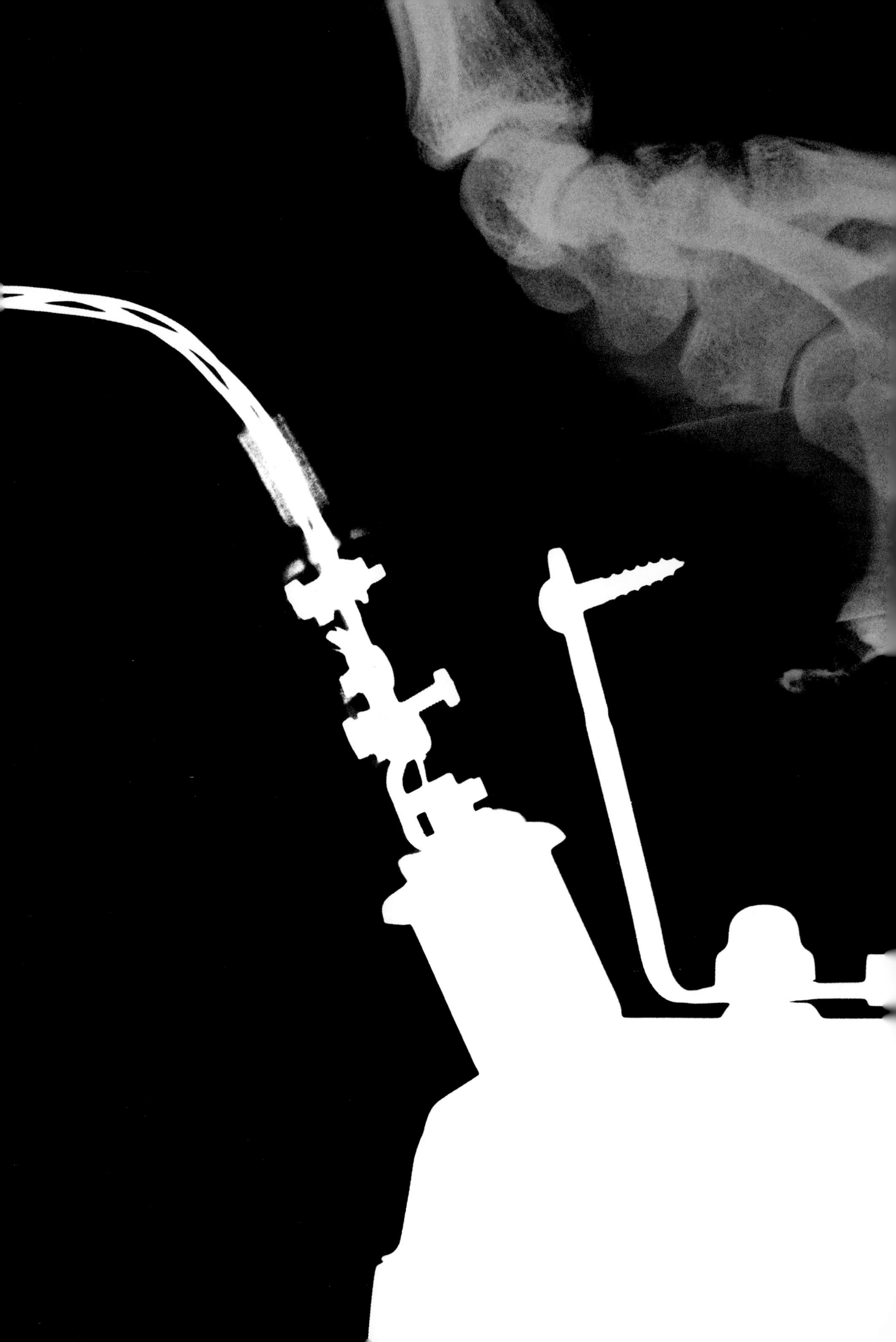

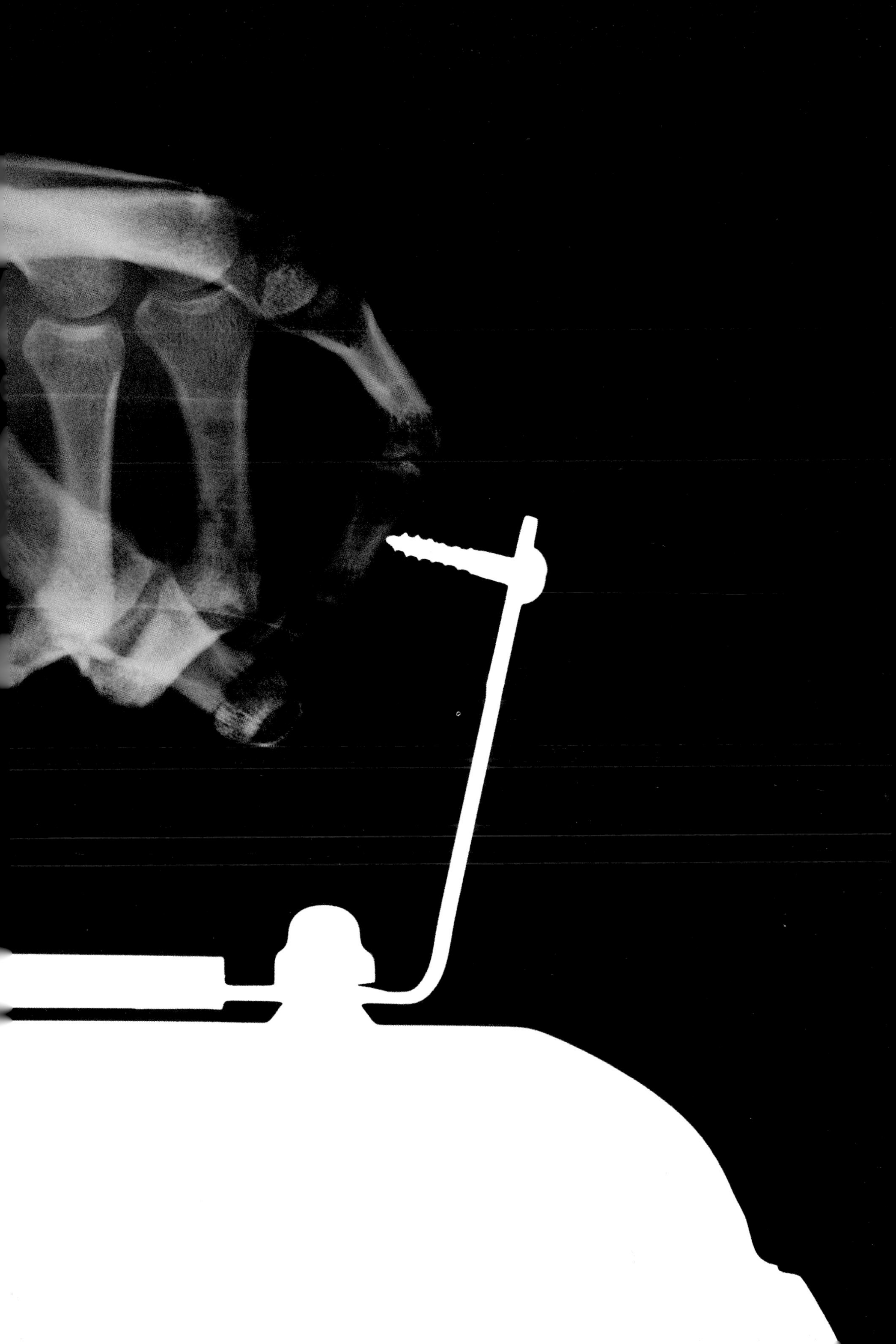

98

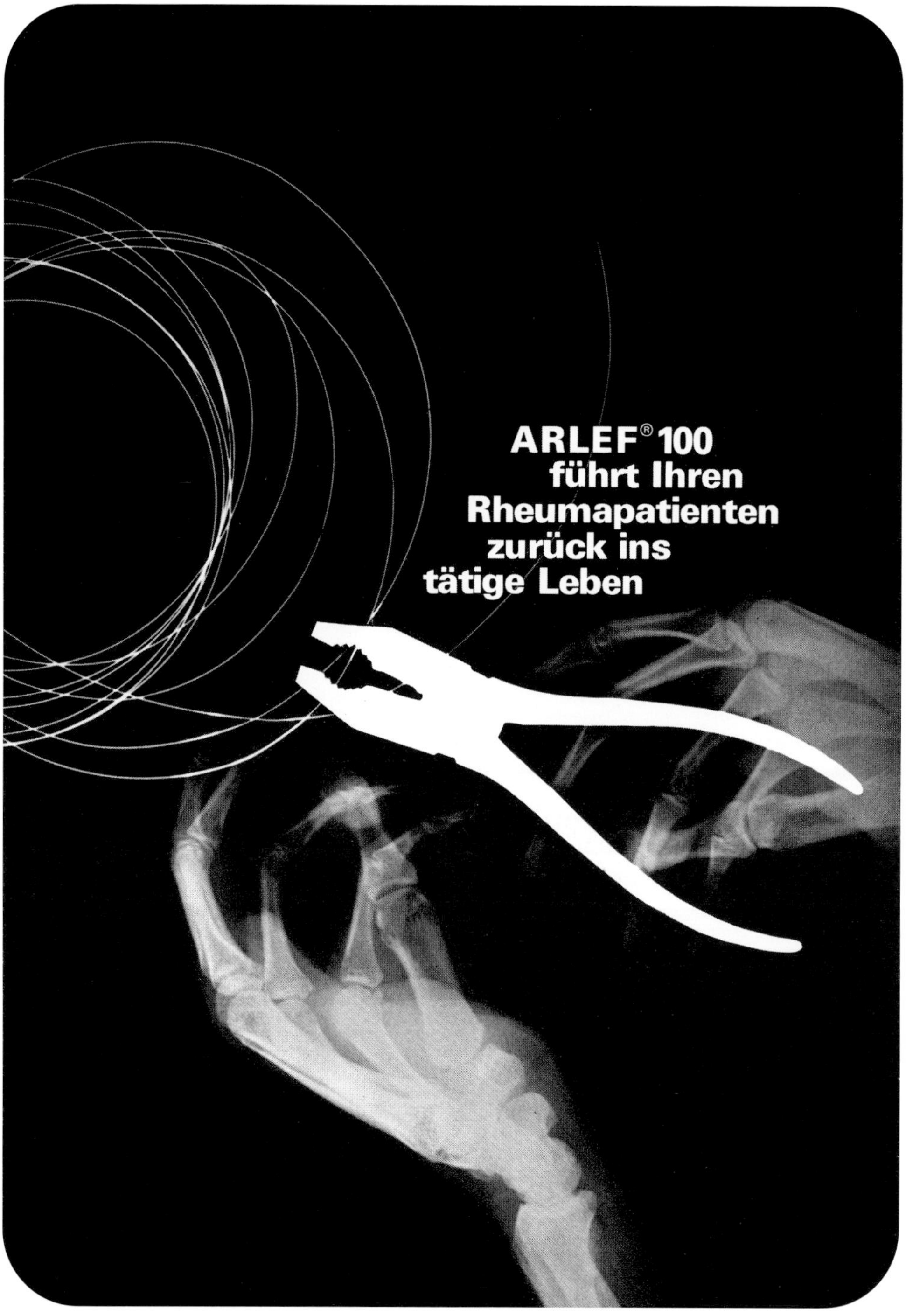
ARLEF® 100
führt Ihren
Rheumapatienten
zurück ins
tätige Leben

Herrlich - aber gefährlich!
Hepaderichol
schützt die kranke Leber und heilt.
Alkohol ist eine der Hauptursachen für Leberkrankheiten, deren Zahl von Jahr zu Jahr steigt. Hepaderichol enthält die bewährten lipotropen Substanzen Methionin, Cholin, Inositol und Betain. Konzentrierte Frischgalle bessert das Befinden des Patienten unmittelbar. Packungen mit 30 und 150 Siegelkapseln.
Parke Davis, München

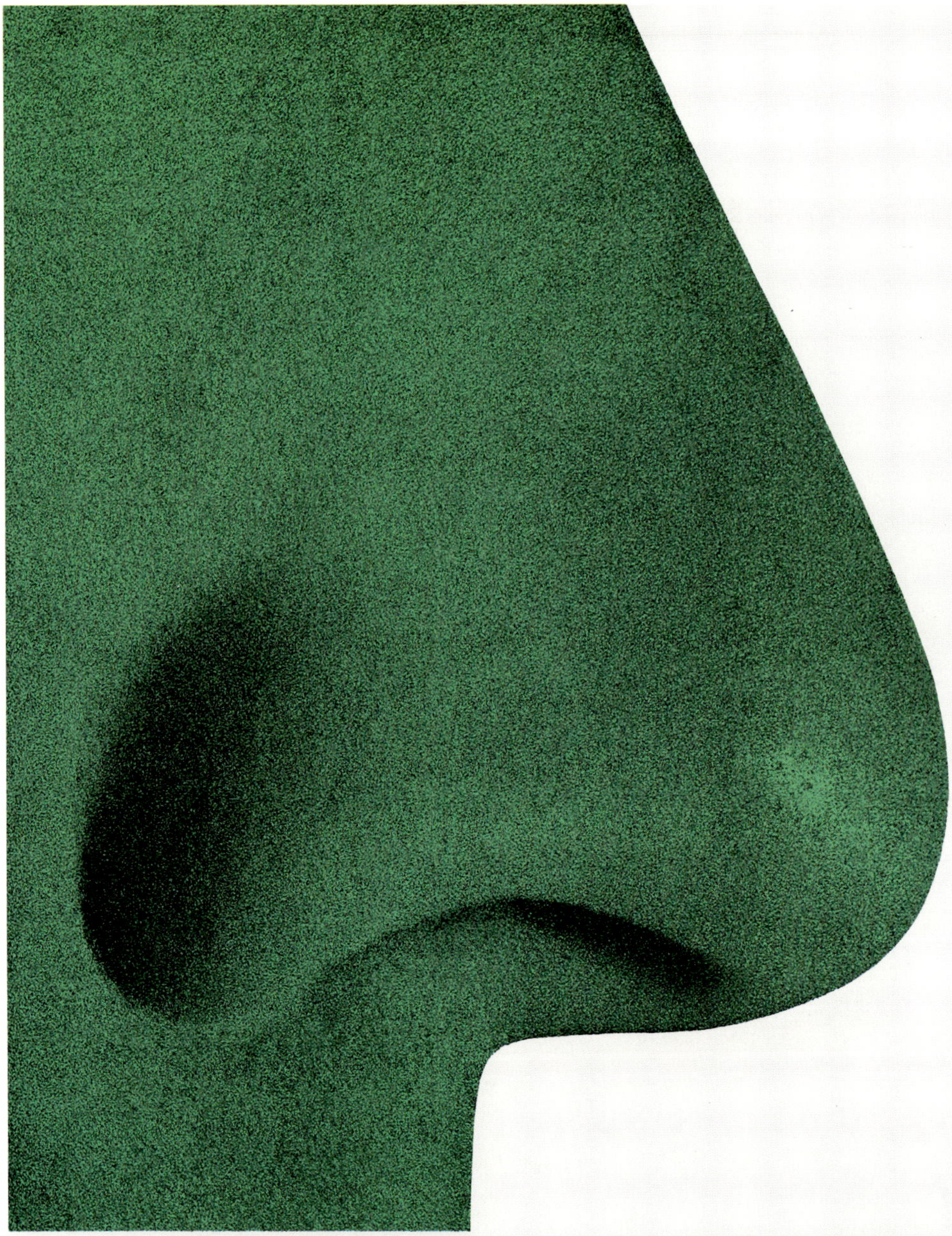

Heuschnupfen ist nur eine der vielen Indikationen für **Benadryl**, dieses polypotente Pharmakon. Zwei Jahrzehnte therapeutischer Erfolge beweisen seine zuverlässige Wirksamkeit und Vielseitigkeit. **Parke Davis**

In kritischen Situationen:
Parke Davis Antibiotica
Chloromycetin
Humatin
Breitspektrum Antibioticum
Nicht resorbierbares Antibioticum
Parke Davis München

102

Wenn der Wurm drin ist
Molevac
Das neue 1-Dosis-Oxyuricid ist einfach: Eine einmalige Dosis genügt, um die Madenwurminfektionen in nahezu allen Fällen sicher zu beseitigen. Die orale Verträglichkeit ist ausgezeichnet, Nebenwirkungen allgemeiner Art sind nicht zu befürchten, da Molevac nicht resorbiert wird.
Dosierung: 1 Teelöffel Molevac-Suspension pro 10 kg Körpergewicht.
Kleinkinderpackung: Flasche mit 10 ccm
Originalpackung: Flasche mit 25 ccm
Familienpackung: Flasche mit 75 ccm
Parke Davis, München

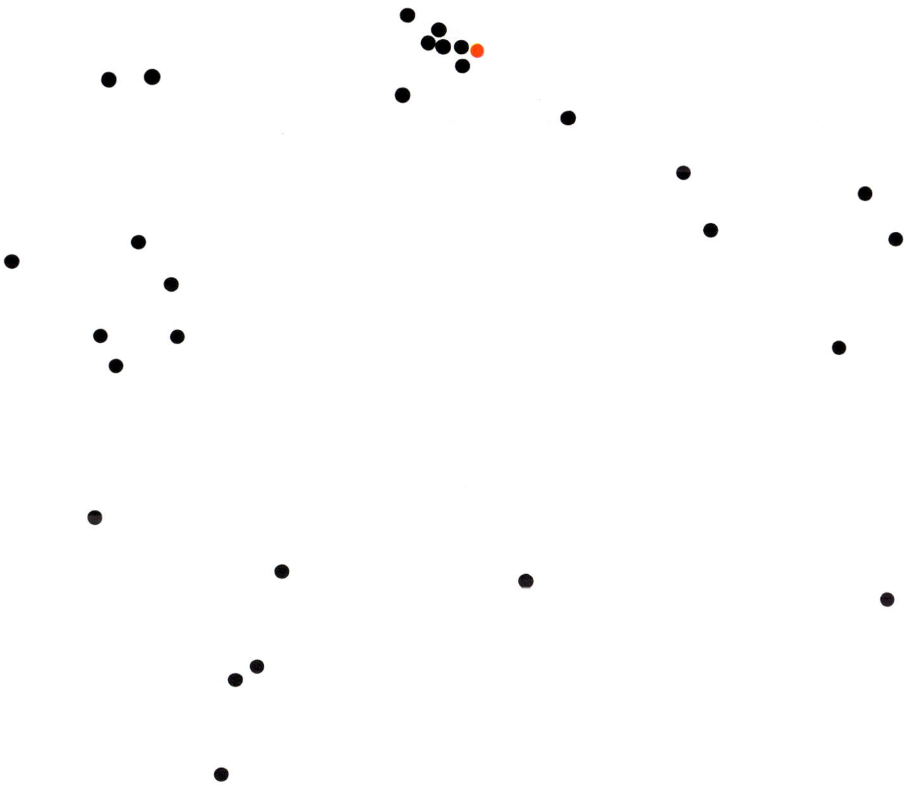

103

- Parke Davis, Detroit
- Parke Davis, Beirut
- Parke Davis, Bogotá
- Parke Davis, Bombay
- Parke Davis, Bornem
- Parke Davis, Buenos Aires
- Parke Davis, Carácas
- Parke Davis, Carolina
- Parke Davis, Colón
- Parke Davis, Hong Kong
- Parke Davis, Johannesburg
- Parke Davis, Karachi
- Parke Davis, Lima
- Parke Davis, London
- Parke Davis, Madrid
- Parke Davis, Mailand
- Parke Davis, Manila
- Parke Davis, Mexico City
- Parke Davis, Montevideo
- Parke Davis, Montreal
- Parke Davis, München
- Parke Davis, Nassau
- Parke Davis, Paris
- Parke Davis, Rio de Janeiro
- Parke Davis, Santiago
- Parke Davis, Sydney
- Parke Davis, Tokyo
- Parke Davis, Zürich
- Parke Davis, Wien
  Wissenschaftliches Büro
  und Vertretung für Österreich
  Wien XII, Wolfganggasse 45

104

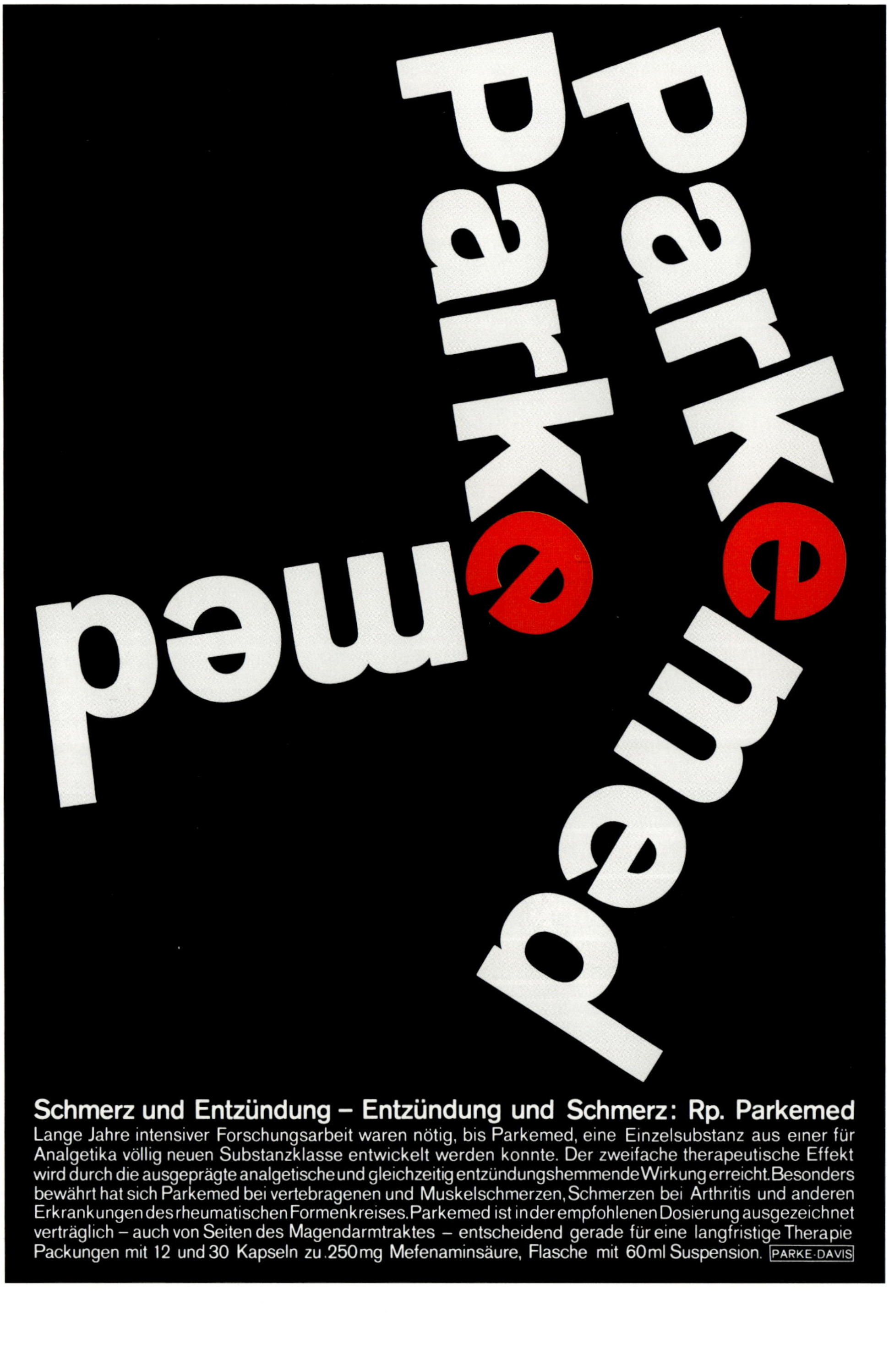
Parkemed
Parkemed
Schmerz und Entzündung – Entzündung und Schmerz: Rp. Parkemed
Lange Jahre intensiver Forschungsarbeit waren nötig, bis Parkemed, eine Einzelsubstanz aus einer für Analgetika völlig neuen Substanzklasse entwickelt werden konnte. Der zweifache therapeutische Effekt wird durch die ausgeprägte analgetische und gleichzeitig entzündungshemmende Wirkung erreicht. Besonders bewährt hat sich Parkemed bei vertebragenen und Muskelschmerzen, Schmerzen bei Arthritis und anderen Erkrankungen des rheumatischen Formenkreises. Parkemed ist in der empfohlenen Dosierung ausgezeichnet verträglich – auch von Seiten des Magendarmtraktes – entscheidend gerade für eine langfristige Therapie
Packungen mit 12 und 30 Kapseln zu 250 mg Mefenaminsäure, Flasche mit 60 ml Suspension.
PARKE-DAVIS

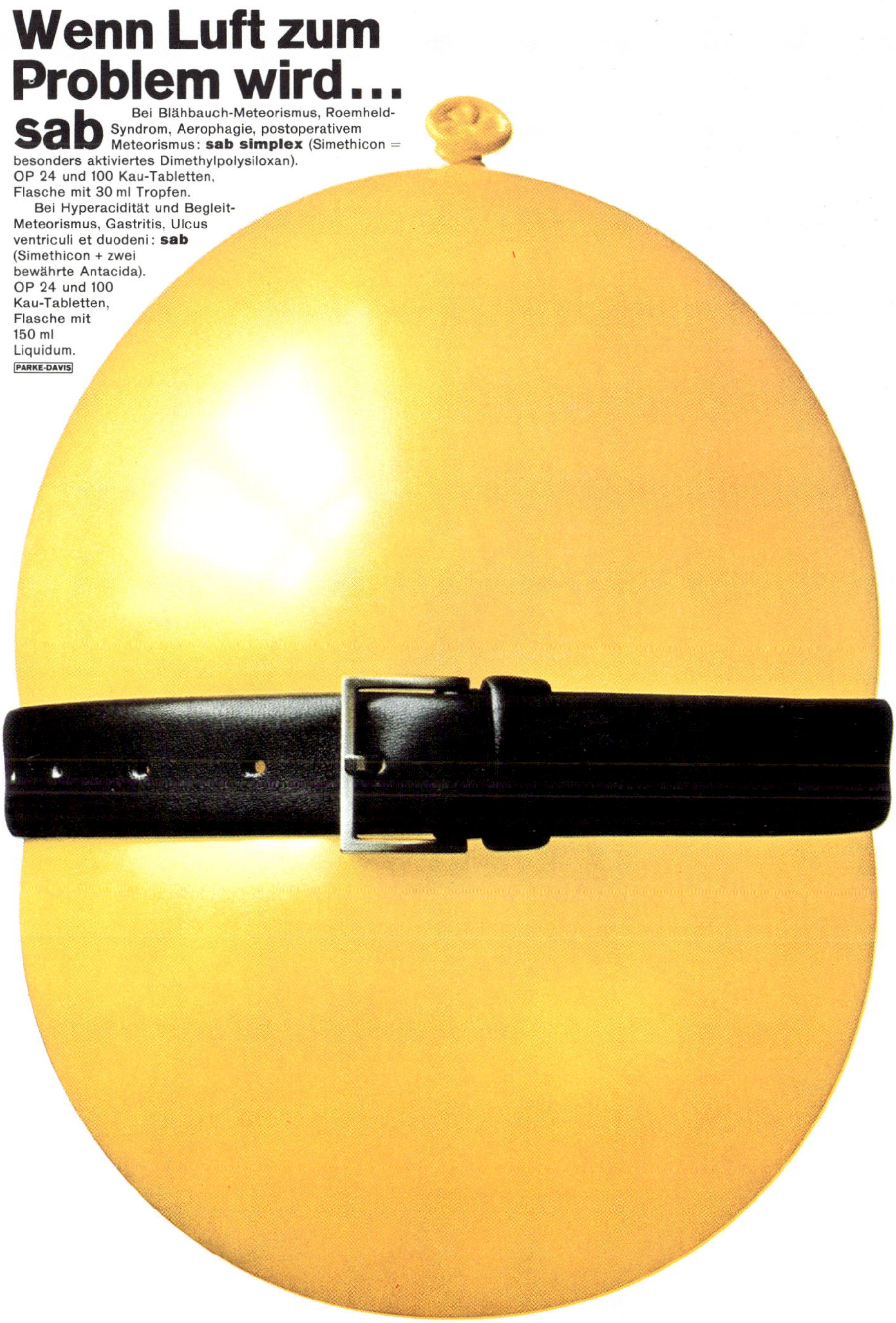
Wenn Luft zum Problem wird...
sab
Bei Blähbauch-Meteorismus, Roemheld-Syndrom, Aerophagie, postoperativem Meteorismus: sab simplex (Simethicon = besonders aktiviertes Dimethylpolysiloxan). OP 24 und 100 Kau-Tabletten, Flasche mit 30 ml Tropfen.
Bei Hyperacidität und Begleit-Meteorismus, Gastritis, Ulcus ventriculi et duodeni: sab (Simethicon + zwei bewährte Antacida). OP 24 und 100 Kau-Tabletten, Flasche mit 150 ml Liquidum.
PARKE-DAVIS

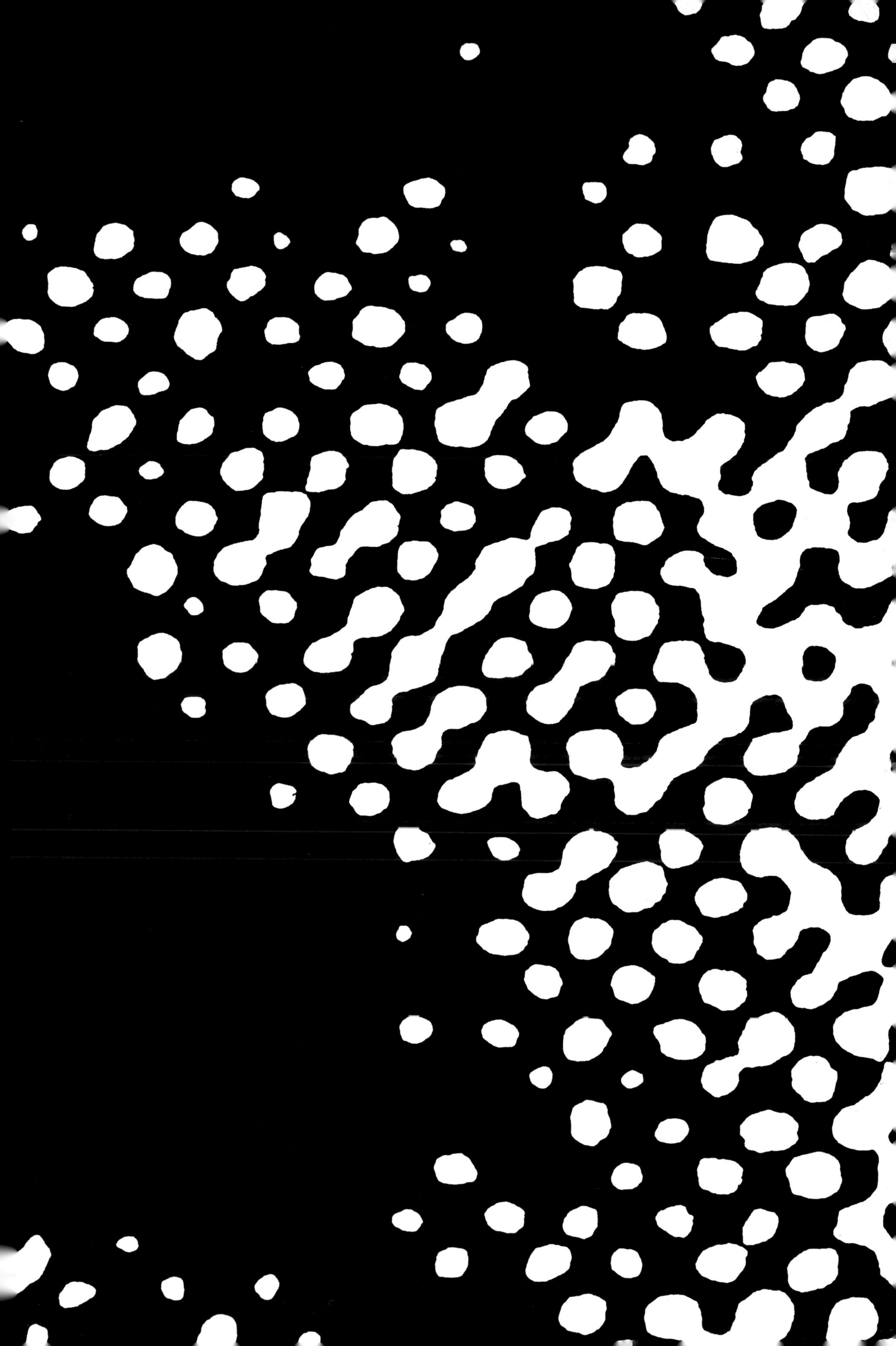

Angela Grashoff

HALTEN. KEIN VERLEIH! KEINE UNERLAUBTE VERVIELFÄLTIGUNG

HARRY'S
HARRY'S
HARRY'S
HARRY'S
HARRY'S

DU

LOP

EDDIE CHEEVER

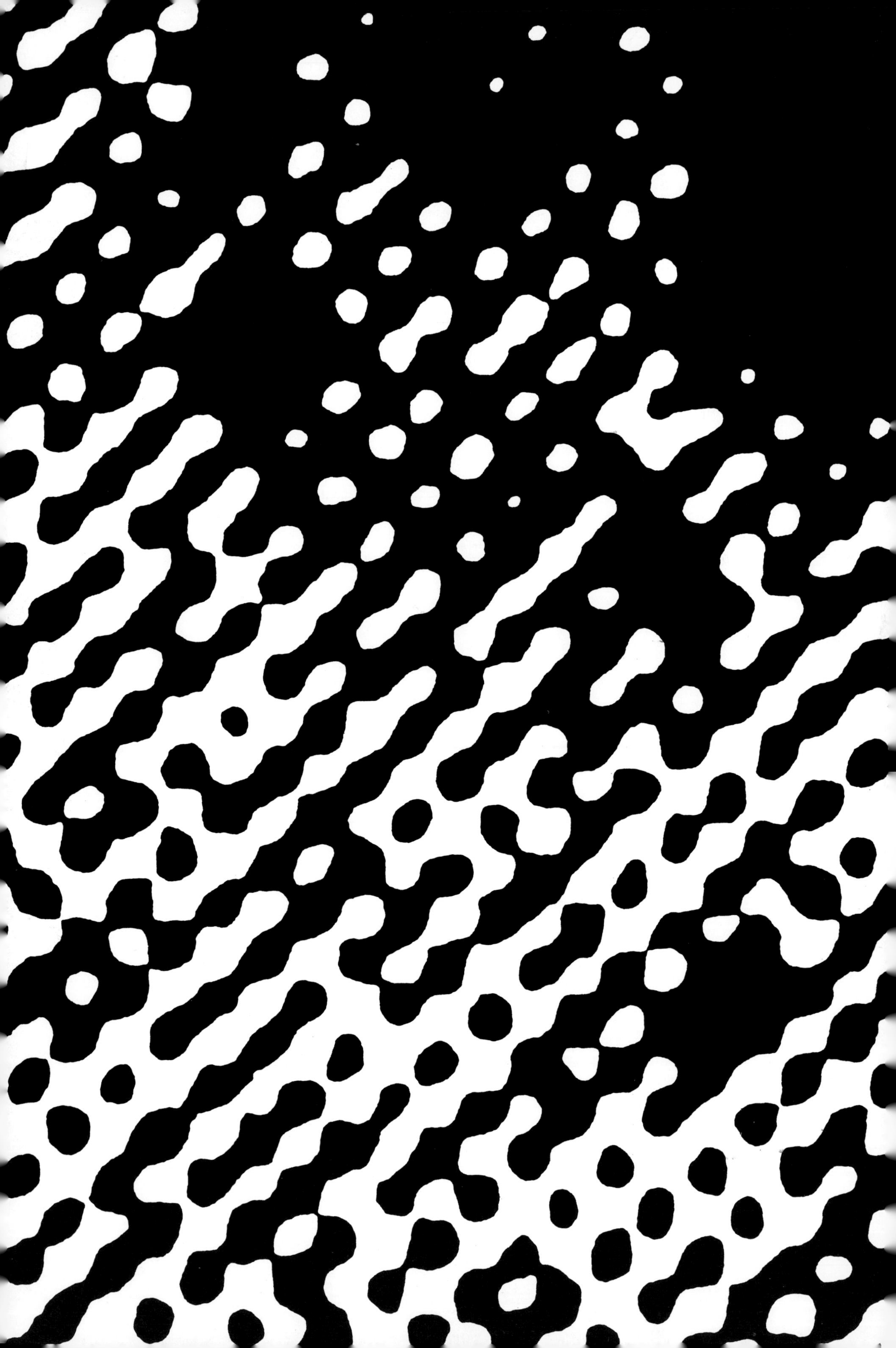

05
4 0080

zwozwo
viernull
fünffünf
zwozwo
viernull
fünffünf

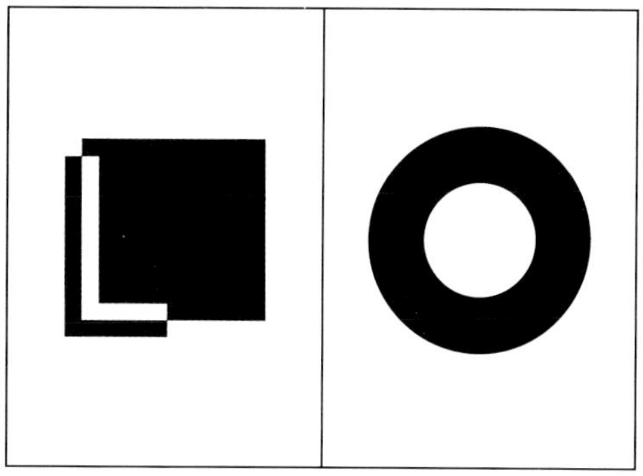

17 **Internationales Design Zentrum Berlin**
Signet.
1967

18 **Modehaus Lange**
Signet.
1985

19 **Oldenbourg Verlag**
Signet.
Basis für das gesamte Erscheinungsbild.
1986

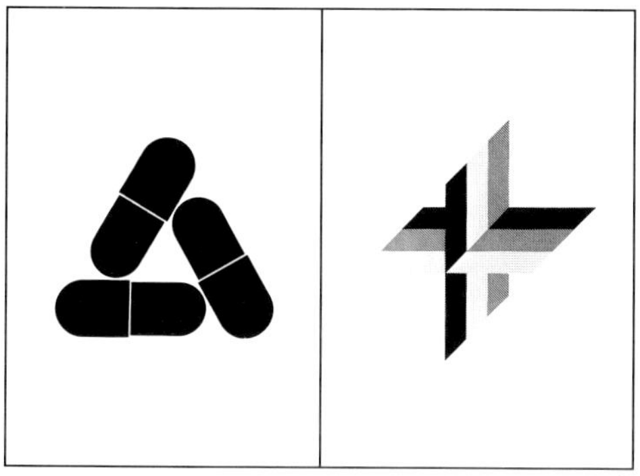

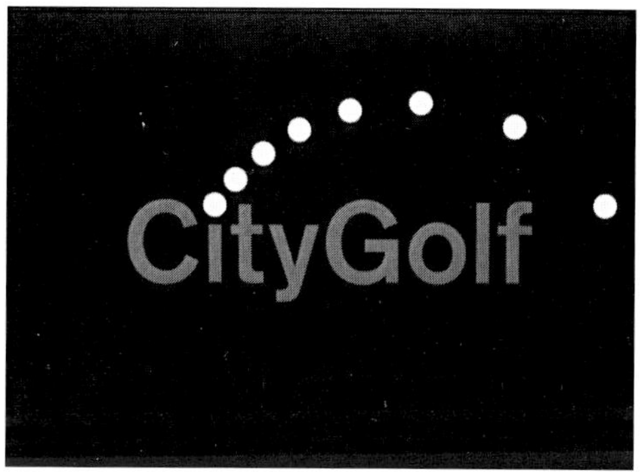

20 **Capsugel AG**
Signet.
1974

21 **Europalia**
Deutsch-belgischer Kulturaustausch und Festival.
Signetentwurf.
1976

22/23 **CityGolf Sportanlagen**
Schriftzug.
1986

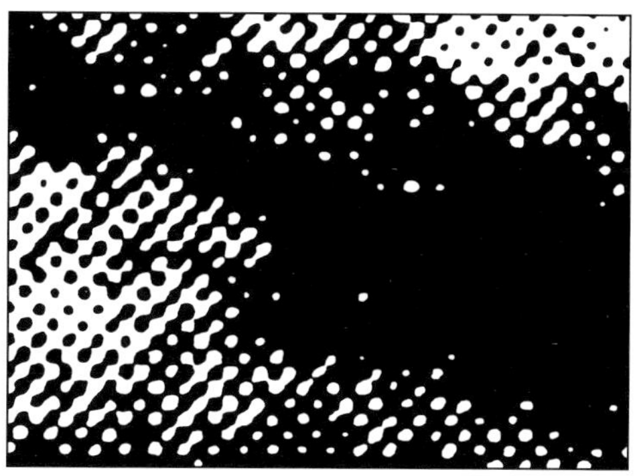

24/25 **Libero Kinder-Sportschuhe**
Warenzeichen.
1981

29 **Die Neue Sammlung, Staatliches Museum für angewandte Kunst, München**
Dieses Plakat wird zwischen den Ausstellungen an der Außenwand des Museums plakatiert. Seinen Erfolg verdankt es der Aussage, die allen Designern aus dem Herzen spricht. Sie stammt von unserem Freund und Texter Carlos Obers.
1984

31 **Galerie Heiner Friedrich, München**
Plakat für eine Ausstellung des Malers Blinky Palermo.
1967

37 **Die Neue Sammlung, Staatliches Museum für angewandte Kunst, München**
Plakat für eine Ausstellung über den Designprocess bei der Entwicklung von Automobilen.
1986

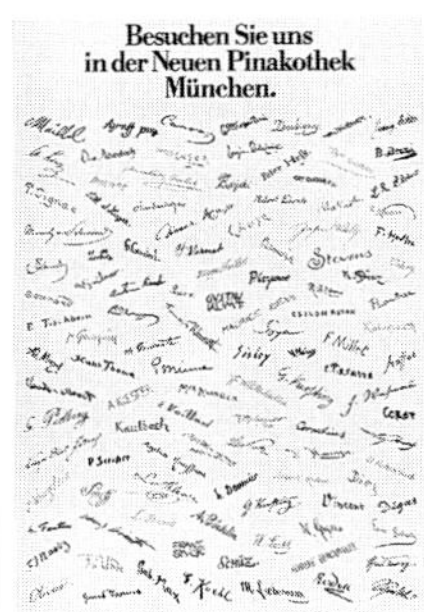

39 **Bayerische Staatsgemäldesammlungen**
Plakat zur Eröffnung der Neuen Pinakothek.
1981

45 **Die Neue Sammlung, Staatliches Museum für angewandte Kunst, München**
Plakat für eine Retrospektive des Designers Hans Gugelot.
1984

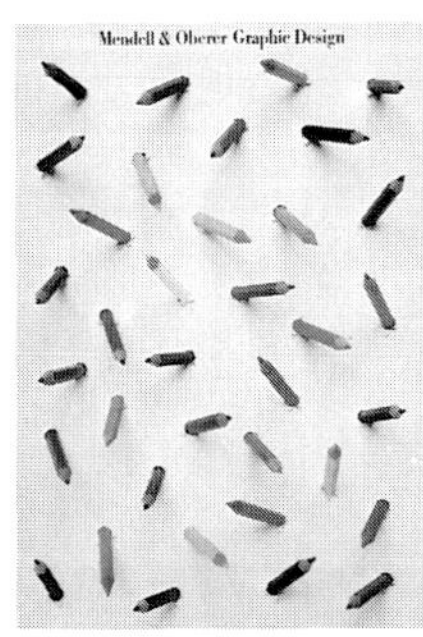

47 **Mendell & Oberer**
Eigenplakat. Dieses Motiv wurde auch als Titelbild für die Zeitschrift „Graphis“ benützt.
1980

33 **Die Neue Sammlung, Staatliches Museum für angewandte Kunst, München**
Plakat für eine Ausstellung über Kirchengeräte.
1984

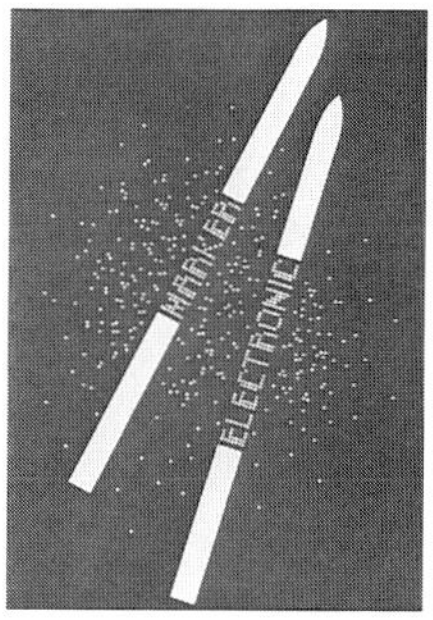

34 **Marker Skibindungen**
Innenplakat zur Einführung einer neuen Skibindung.
1981

35 **Gewerbemuseum Basel**
Plakat für eine Ausstellung von ehemaligen Schülern der Kunstgewerbeschule Basel.
1967

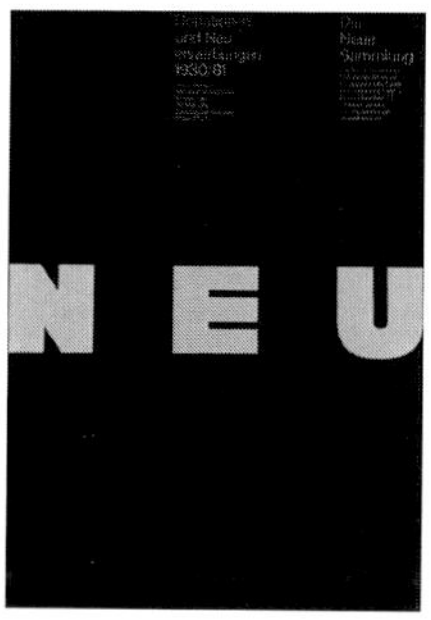

41 **Die Neue Sammlung, Staatliches Museum für angewandte Kunst, München**
Plakat für eine Ausstellung über Neuerwerbungen des Museums.
1982

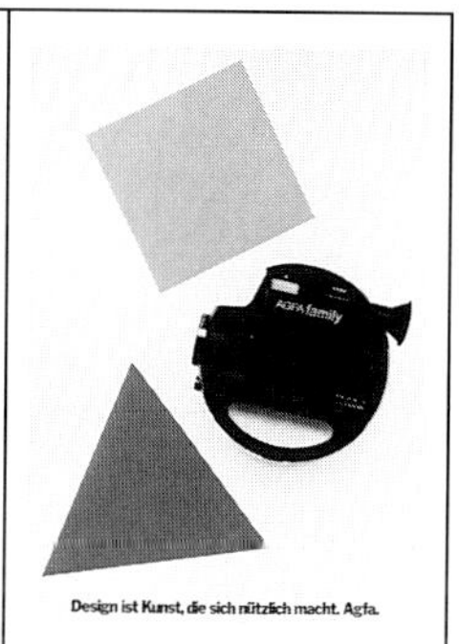

42 **Galerie Heiner Friedrich, München**
Plakat für eine Ausstellung des Malers Gerhard Richter. Das Motiv nahm Bezug auf die ausgestellten Bilder, die offene Türen darstellten.
1967

43 **Agfa Gevaert**
Plakat für ein neues Filmkamera-Design.
1980

49 **Antonio Gades**
Plakat für den berühmten Flamenco-Tänzer.
1987

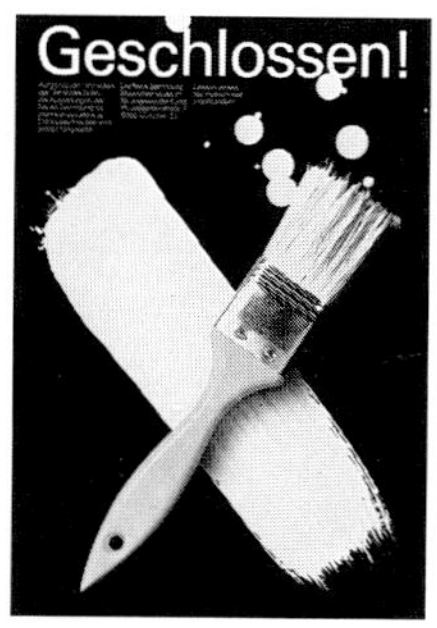

50 **Die Neue Sammlung, Staatliches Museum für angewandte Kunst, München**
Plakat für eine Ausstellung über Schweizer Architektur.
1981

51 Plakat des Museums zur Ankündigung von Renovierungsarbeiten.
1984

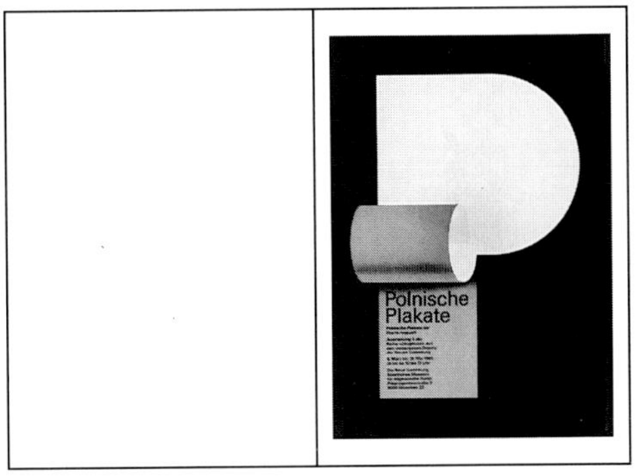

53 **Die Neue Sammlung, Staatliches Museum für angewandte Kunst, München**
Plakat für eine Ausstellung polnischer Plakate.
1985

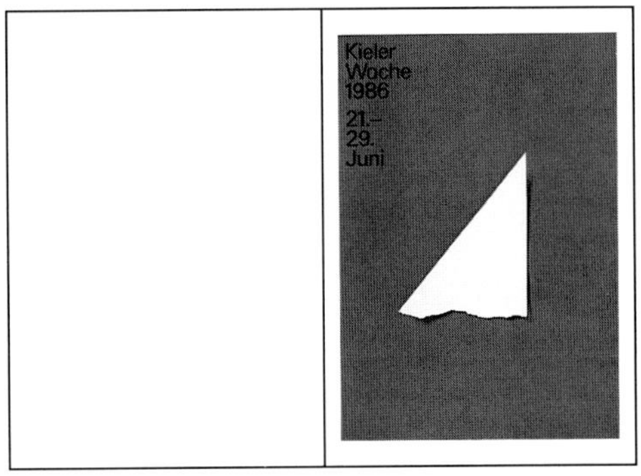

55 **Kieler Woche**
Plakat für die jährliche Segelregatta in Kiel.
Entwurf.
1985

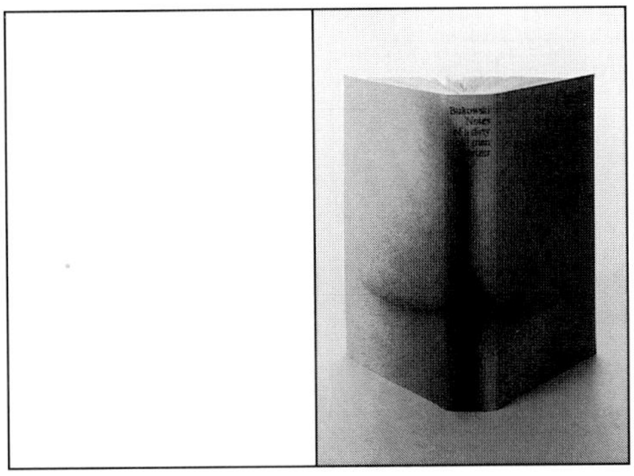

61 **Charles Bukowski**
Schutzumschlag für das Buch „Notes of a dirty old man". Der Entwurf wurde nie realisiert, weil der deutsche Buchhandel die Lösung als zu gewagt empfand.
1969

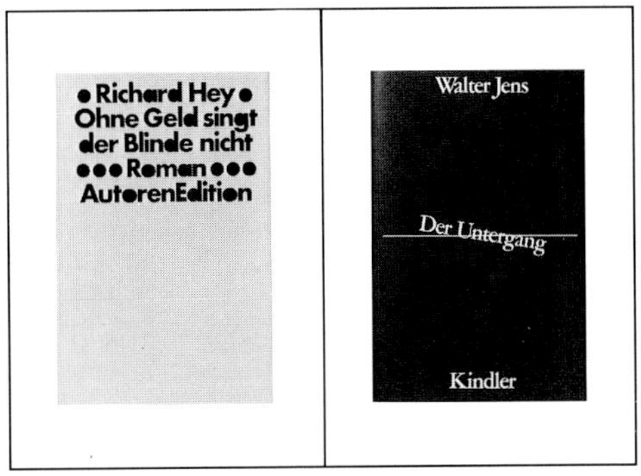

62 **Ohne Geld singt der Blinde nicht**
Schutzumschlag. Entwurf.
1980

63 **Der Untergang**
Schutzumschlag. Entwurf.
1982

68/69 **Fischer Verlag**
Lexikon in Farbe. Entwurf.
1975

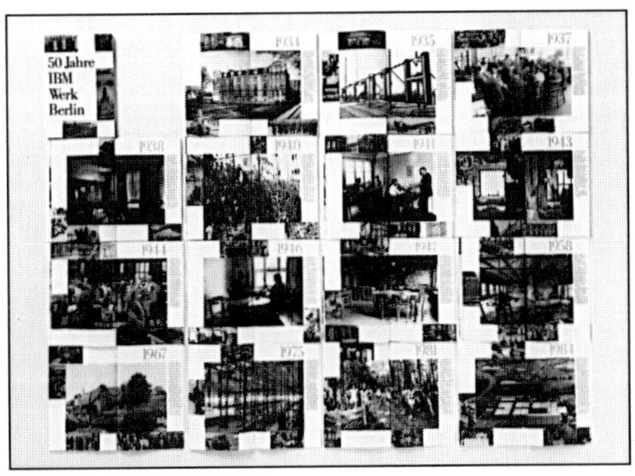

70/71 **IBM**
Umschlag und Innenseiten aus der Jubiläumsbroschüre „50 Jahre IBM Berlin".
1984

57 **designfunktion**
Plakat für das Design- und Möbelgeschäft designfunktion. Bestandteil und Basis des gesamten Erscheinungsbildes.
1987

64/65 **Große Geiger unserer Zeit**
Große Pianisten unserer Zeit
Schutzumschläge aus einer Reihe von Büchern über große Musiker. Der Schutzumschlag für das Pianistenbuch wird heute noch, 20 Jahre später, für die vielen Neuauflagen benützt.
1965

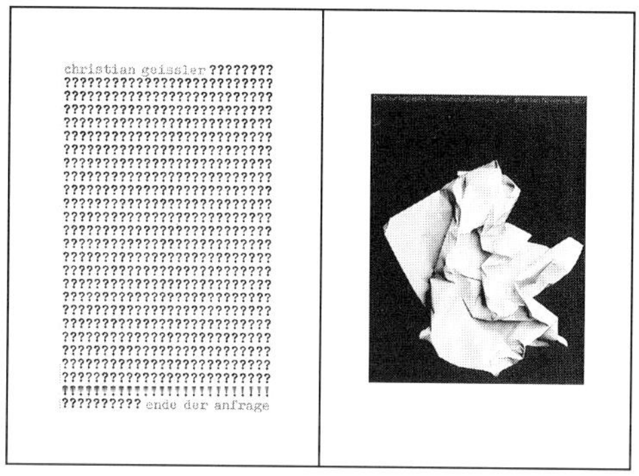

66 **Ende der Anfrage**
Schutzumschlag für eine Sammlung von journalistischen Essays.
1965

67 **Gebrauchsgraphik**
Titelseite einer Fachzeitschrift über Graphic Design
1962

72/73 **Fischer Verlag**
Beispiele aus der Buchreihe „Fischer Wissenschaft".
1981

74/75 **Oldenbourg Verlag**
Beispiele aus der zahlreichen Produktion von wissenschaftlichen Büchern mit Benützung des Firmensignets und eines Farbsystems.
1986

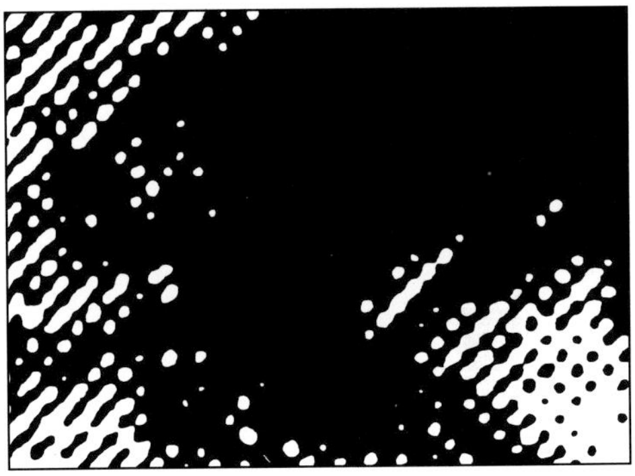

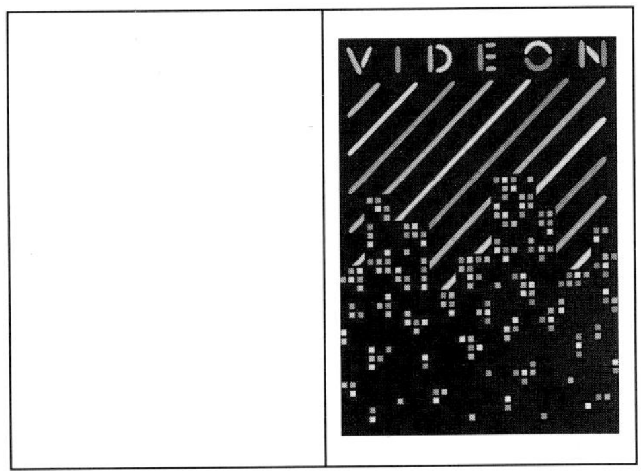

79 **Videon**
Videon ist eine Ladenkette von Videotheken. Innenplakat als Bestandteil des gesamten Erscheinungsbildes.
1981

84/85 **Videon**
Teile des Erscheinungsbildes: Scheckhefte, Prospekt, Mitgliederzeitung und Wanduhr.
1981

86/87 **Videon**
Großflächenplakat.
1981

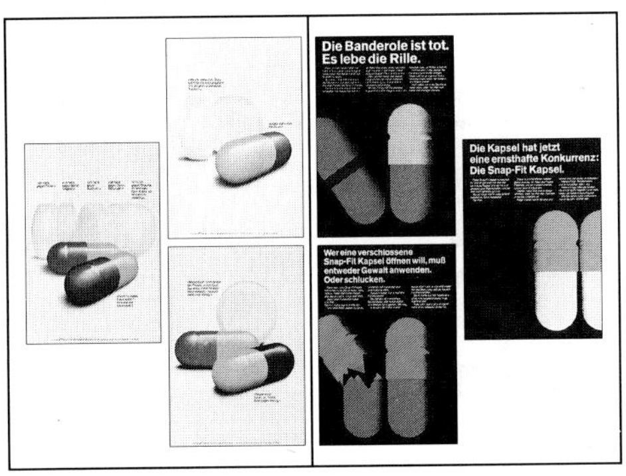

92/93 **Capsugel AG**
Anzeigenkampagnen.
1980 und 1967
Beispiele aus Anzeigenkampagnen für Fachzeitschriften, die wir im Laufe einer zwanzigjährigen Zusammenarbeit entwickelt haben.

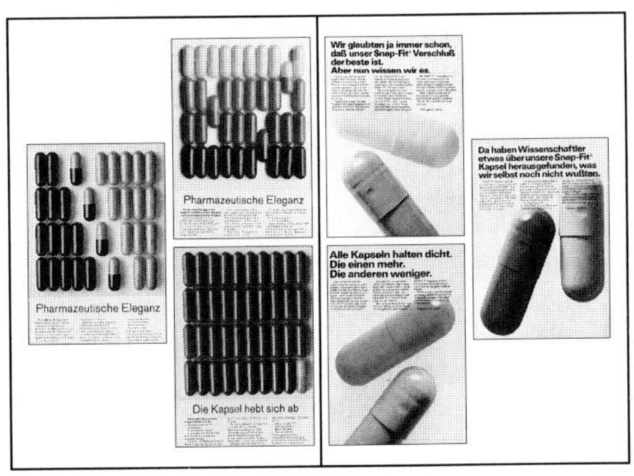

94/95 **Capsugel AG**
Anzeigenkampagnen.
1966 und 1968

80/81 **Videon**
Ladenfront mit Hausbeschriftung.
Die Innenbeleuchtung fügt sich in das Erscheinungsbild ein.
1981

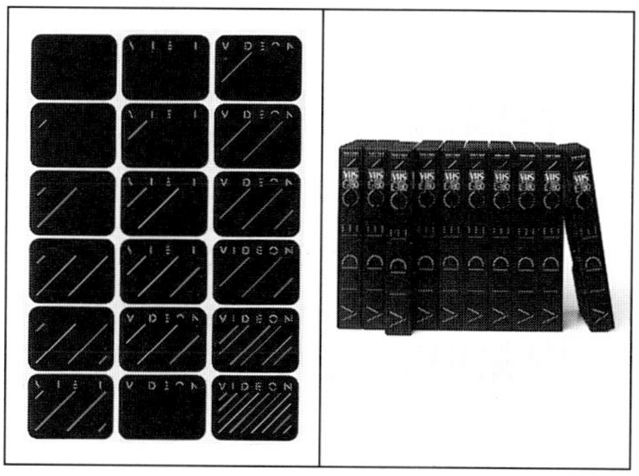

82/83 **Videon**
Filmvorspann für eigene Filmproduktionen und Leerkassetten.
1981

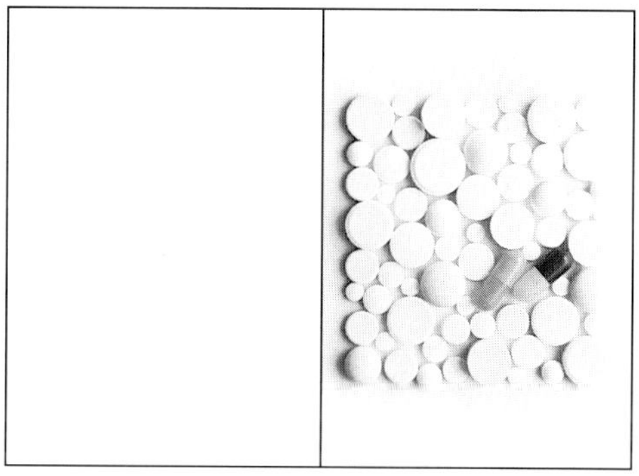

91 **Capsugel AG**
Die Firma Capsugel stellt farbige Reingelatine-kapseln her.
Dieses Motiv illustriert den Vorteil der farbigen Kapseln in Bezug auf die Verwechslungsgefahr bei der Einnahme von Medikamenten.
1966

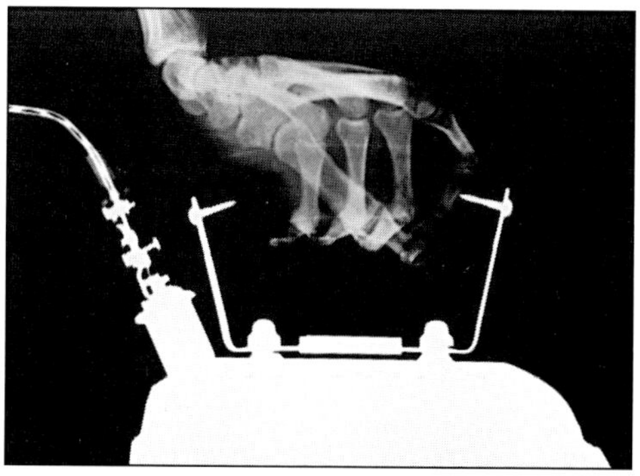

96/97 **Parke-Davis**
Detail aus einer Werbung für ein Präparat gegen Rheumatismus.
1965

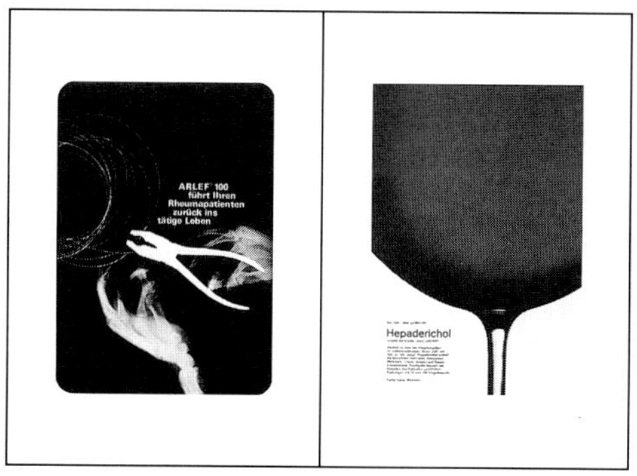

98 **Parke-Davis**
Anzeige für ein Präparat gegen Rheumatismus.
Das Motiv wurde direkt am Röntgenschirm aufgenommen.
1965

99 **Parke-Davis**
Anzeige für ein Präparat gegen Leberschäden.
1962

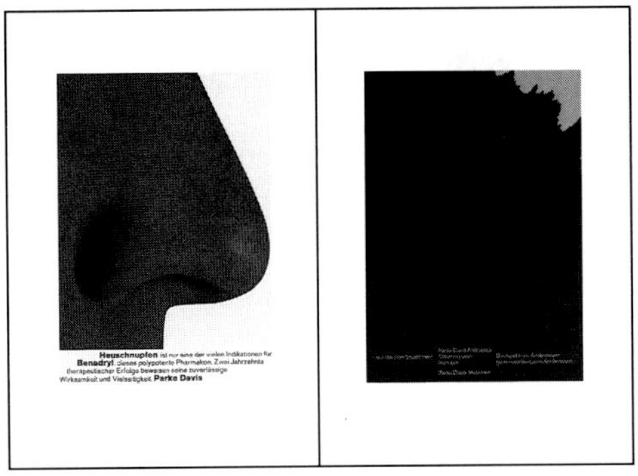

100 **Parke-Davis**
Anzeige für ein Präparat gegen Heuschnupfen.
1963

101 **Parke-Davis**
Anzeige für ein Präparat gegen Entzündungen.
1963

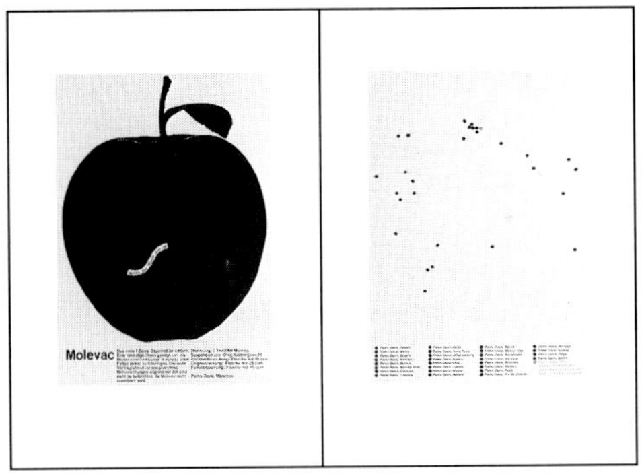

102 **Parke-Davis**
Anzeige für ein Präparat gegen Wurmbefall.
1961

103 **Parke-Davis**
Image-Anzeige mit Hinweis auf die vielen weltweiten Parke-Davis Niederlassungen.
1964

109 **Angela Grashoff**
Tragetasche für ein Modegeschäft.
Die 4 Quadrate in den Ecken sind das durchgehende Merkmal des gesamten Erscheinungsbildes.
1985

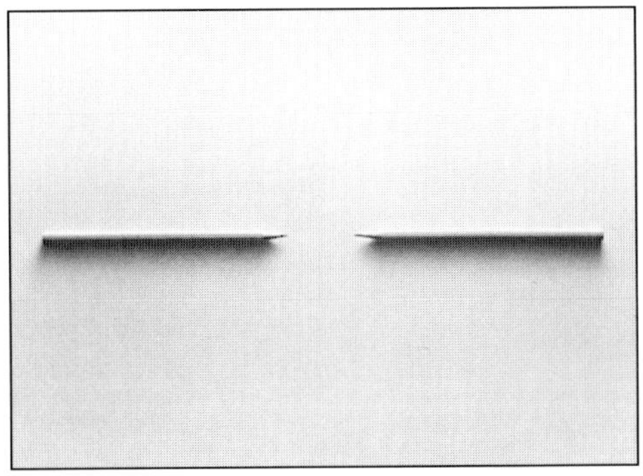

110/111 **Schlagheck & Schultes Design**
Motiv einer doppelseitigen Anzeige für die Design-Partnerschaft Schlagheck & Schultes.
1979

117 **Harry's**
Tragetasche für ein Modegeschäft als Bestandteil des gesamten Erscheinungsbildes.
1981

118/119 **BMW**
Farbgebung des Tourenwagens für den Sponsor „Lubrifilm“.
1981

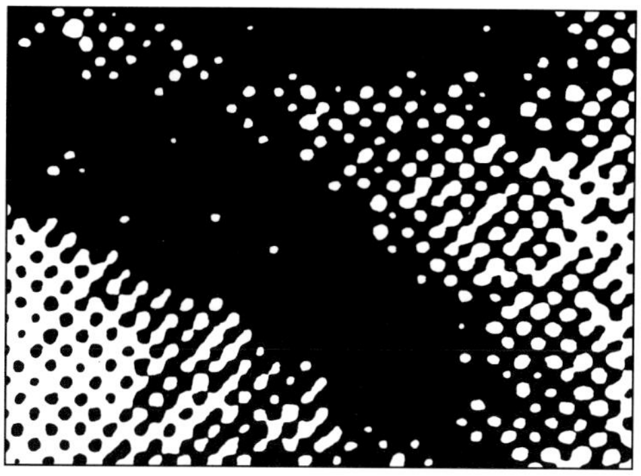

104 **Parke-Davis**
Anzeige zur Einführung eines neuen Präparates gegen Gelenkrheumatismus.
1965

105 **Parke-Davis**
Anzeige für ein Präparat gegen Blähungen.
1964

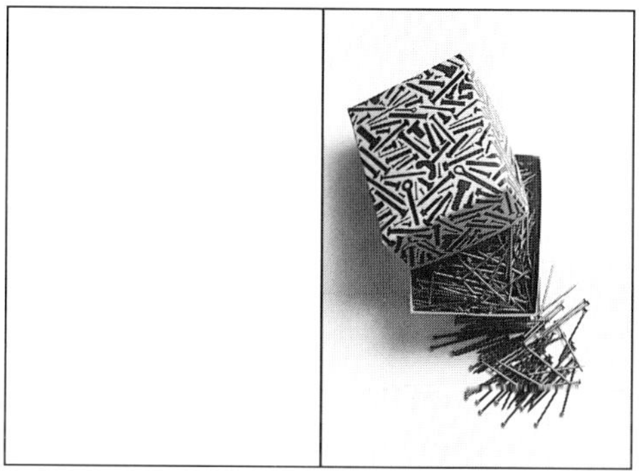

113 **Keller & Kalmbach**
Verpackung für einen Schrauben- und Werkzeuggroßhandel.
1985

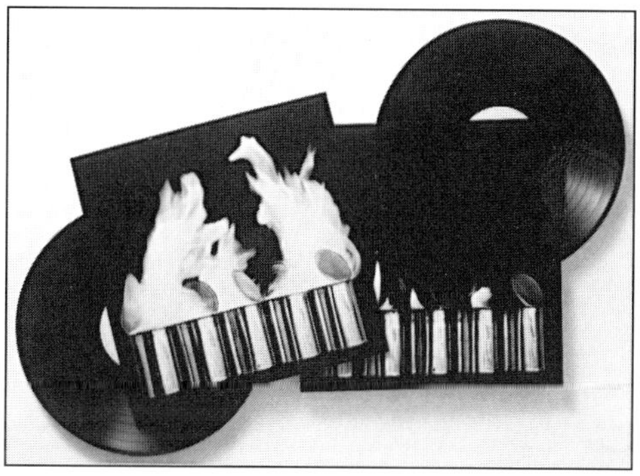

114/115 **Canned Heat**
Bei diesem einzigen Entwurf, den wir je für einen Plattenumschlag gemacht haben, nahmen wir den Titel wörtlich.
1971

120/121 **BMW**
Farbgebung der BMW Formel-2 Rennwagen.
1977

124/125 **Ottobrunn**
Edelstahlplastik zur künstlerischen Ausgestaltung einer Wohnanlage in Ottobrunn bei München. Höhe 2,50 m.
1974

127 **Ottobrunn**
Edelstahlplastik zur künstlerischen Ausgestaltung einer Wohnanlage in Ottobrunn bei München. Höhe 2,50 m.
1974

132/133 **EAN Code**
Großformatige Acryl-Bilder als Konzept zur Innengestaltung einer Werbeagentur.
1980

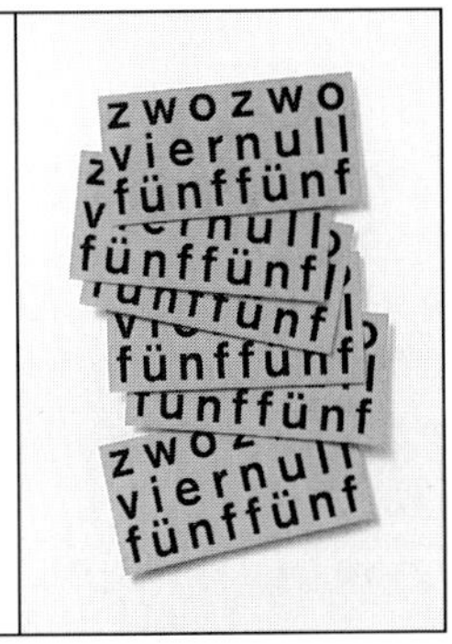

135 Aussendungskarten zur Ankündigung unserer neuen Telefonnummer.
1982

129 Diese Übersetzung der Ziffer 1 ins Räumliche entstand ohne Auftrag.
Viele Variationen dieses Themas fanden ihren Abschluß in einer Ausstellung im Modern Art Museum, München.
1969

130/131 Variation der Ziffer 1.
1969

136 Heiratsanzeige für unsere Freunde Constanze und Holger Lorenz.
1976

137 Geburtsanzeige für deren Tochter Sarah.
1981